完全対策 NTTコミュニケーションズ

インターネット検定

ドットコムマスター ベーシック

.com Master BASIC

カリキュラム準拠

問題＋総まとめ

公式テキスト 第4版 対応

NTT出版

本書はNTTコミュニケーションズ株式会社と提携を結ぶことにより提供されたカリキュラム及び例題から、当社独自のノウハウを基に作成したものです。

まえがき

インターネット検定 .com Master（以下、ドットコムマスター）は、NTTコミュニケーションズが実施するICTスキル認定資格制度です。ICT（Information and Communication Technology）とは「情報通信技術」のことで、インターネットとコンピュータによる通信と情報処理に関する技術の総称です。これらを使いこなすための「能力」がICTスキルです。

ドットコムマスターには、BASIC、ADVANCEの2つのグレードがあり、BASICは、ビジネスや日常生活でインターネットを利用するすべての方（学生・新社会人・パソコン初心者など）を対象としています。合格のための学習を通して、本検定制度のねらいである基本的なICT知識や技術を学ぶことができます。

学校教育においても、ICTを主体的に活用し、子どもたちの可能性を広げることを目的とし、2020年から小学校におけるプログラミング教育が開始されました。本検定のカリキュラムにも、ICTの基礎的な知識に加えてプログラミングのための基本事項が追加されています。

本書は、ドットコムマスター BASICの最新版、NTTコミュニケーションズ発行『ドットコムマスター BASIC 公式テキスト第4版』に対応し、同社提供の「例題」を分析して『公式テキスト』のカリキュラム全体を34テーマに再構築した検定対策書です。実際の検定では、『公式テキスト』掲載のカリキュラムにかかわらず、幅広い範囲から出題されていて、予想外の内容の問題に出会うこともあります。とはいえ、それらはカリキュラムの周辺の知識であり、インターネットやパソコンなどを使用する際の常識といえる内容ばかりです。本書では、『公式テキスト』外の知識についても解説し、検定対策ばかりではなく、実際の場面で役立てられる知識を身につけることも目標にしています。

本書の巻末には、「例題」で構成した模擬問題1回分を掲載しています。実際に受検する前の力試しとして、または学習の成果を確かめるための実力テストとして活用してください。

読者が本書を活用してドットコムマスターBASIC検定に合格されたなら、さらにその上を目指して、ドットコムマスターADVANCEに挑戦されることを期待します。

この本の使い方

本書は、.com Master BASIC（以下、BASIC）合格を目指す方のために、必要とされる知識・技術を、例題演習を中心に解説しています。巻末には模擬問題を収録してあるので、本書1冊で受検対策を行うことができます。

●本書の構成

・BASICのカリキュラム全体を**34のテーマ**に分けている。
・1つのテーマは**例題→例題の解説→要点解説**で完結。
・巻末には1回分の**模擬問題**を収録。

●本書の効果的な使い方

BASIC受検を目指す方のそれぞれに適した学習方法を選ぶことができます。
たとえば、

・第1章から**体系的に**学習を積み重ねる。
・知っているテーマ、興味のあるテーマから始めて学習の範囲を広げる。
・模擬問題で力試しをしてから苦手とするテーマを中心に学習する。

など、いろいろな進め方ができます。
また、各テーマは、例題に挑戦してから解説を読む、テーマの要点解説を読んでから例題に挑戦するなど、自分に合った方法で学習を進めることができます。
本書の学習方法の1つの例として、1. 例題を解いてみる→2. 例題の解説で確かめる→3. 要点解説で知識・技術を整理する→4. 模擬問題で力試しする、という進め方を以下に紹介します（文章中の太字と丸番号は下に掲載した図に対応）。

1 「例題」を解いてみる

テーマ（❶）の内容に即した**例題**（❷）を、各テーマに1～4問ずつ収録してあります。**例題**の多くはNTTコミュニケーションズ提供です。

とくに重要度の高い例題には⚙（❸）を付けてあります。また、過去の.com Masterで出題された問題をもとに、BASICカリキュラムに合わせたオリジナル問題も採用してあります。

※例題は、学習効果が高まるように修正した部分があります。

2 「解説」で確かめる

例題を解いたら、**解説**（❹）で確認します。**解説**には、正解に関する説明に加えて、正解以外の選択肢についても示してあります。**例題**に正答できた場合でも、**解説**を読むことによってさらに知識を広げることができます。

❹解説
「例題」に即して解き方を解説してあります。正解以外の解説を読むことによって、さらに知識を広げることができます。**解答**は次ページ❺にあります。

❶テーマ
BASICカリキュラムとNTTコミュニケーションズ提供の例題を分析し、34のテーマに再構築してあります。

❸重点問題
⚙が付いている問題は、とくに出題される可能性が高い問題です。

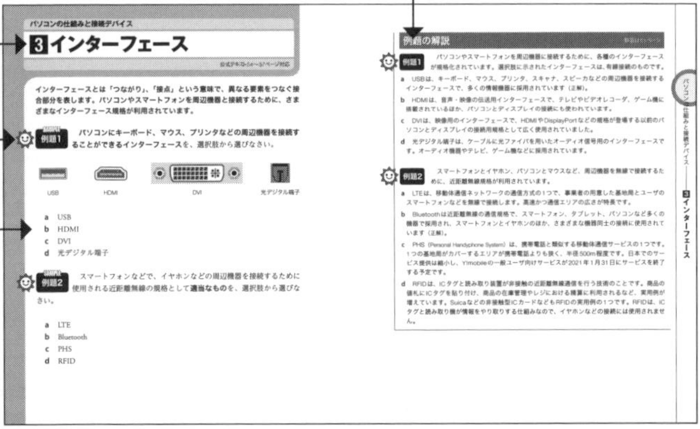

❷例題
NTTコミュニケーションズ提供の例題（SAMPLEが付いている問題）、カリキュラムに即して作成したオリジナル問題から、テーマの学習に適切なものを選んであります。

3「要点解説」で整理する

要点解説（❻）には、テーマの内容が体系的にまとまっており、さらに関連する知識も示してあります。**例題**を解いて**解説**で確認したあとに**要点解説**で関連する知識を整理する、**要点解説**だけを読んでポイントを押さえるといった、さまざまな方法で学習することができます。

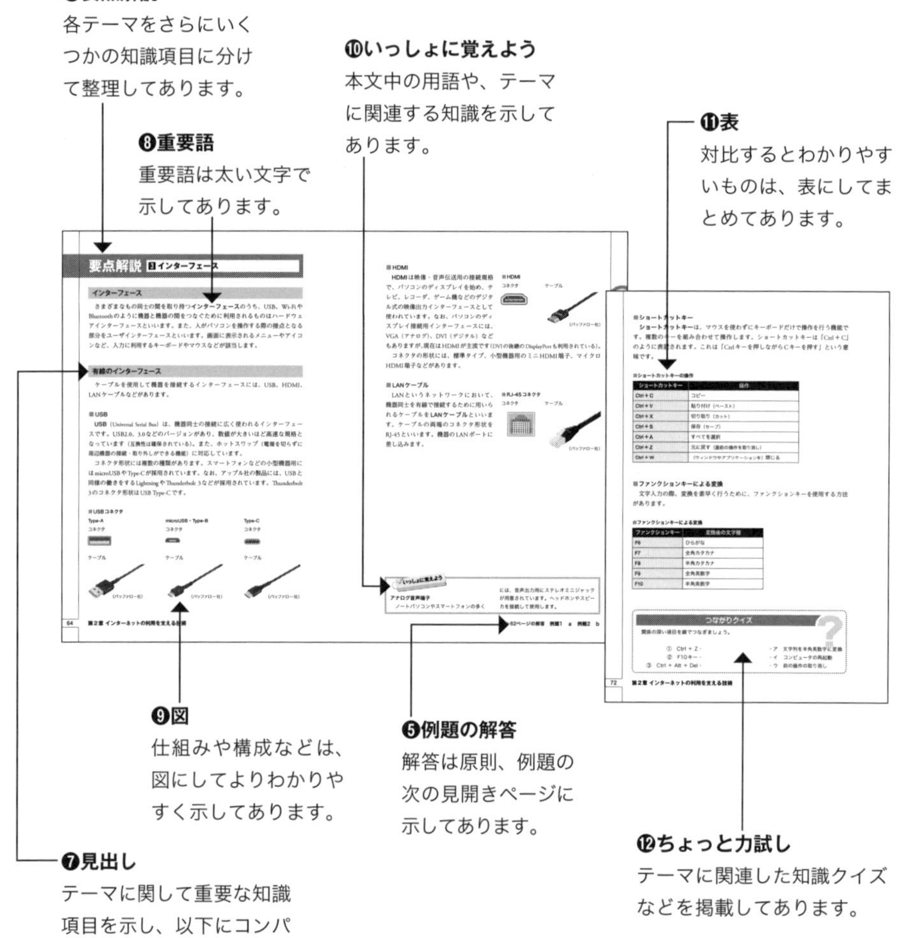

❻要点解説
各テーマをさらにいくつかの知識項目に分けて整理してあります。
❽重要語
重要語は太い文字で示してあります。
❿いっしょに覚えよう
本文中の用語や、テーマに関連する知識を示してあります。
⓫表
対比するとわかりやすいものは、表にしてまとめてあります。
❾図
仕組みや構成などは、図にしてよりわかりやすく示してあります。
❺例題の解答
解答は原則、例題の次の見開きページに示してあります。
⓬ちょっと力試し
テーマに関連した知識クイズなどを掲載してあります。
❼見出し
テーマに関して重要な知識項目を示し、以下にコンパクトに解説してあります。

4 「模擬問題」で力試しする

巻末には、.com Master BASICを実施するNTTコミュニケーションズ提供の例題から構成した**模擬問題**（⑬）を掲載してあります。筆者らの出題傾向分析に基づいた50問からなり、詳細な**解説**（⑭）も掲載してあります。

検定本番前に**模擬問題**を実際の検定時間（45分）で演習してみましょう。1問に要する時間などを経験しておくと、必ず本番に役立ちます。

⑬模擬問題

実戦形式で模擬問題を45分で演習してみましょう。

⑭模擬問題の解説

模擬問題を演習したら解説で知識をさらっておきましょう。

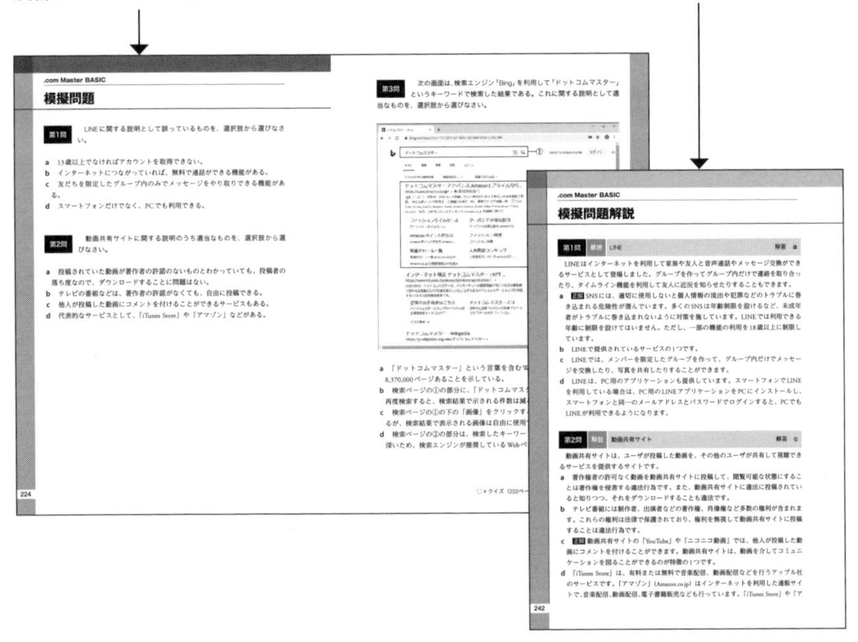
.com Master BASIC

模擬問題

第1問 LINEに関する説明として誤っているものを、選択肢から選びなさい。

a 13歳以上でなければアカウントを取得できない。
b インターネットにつながっていれば、無料で通話ができる機能がある。
c 友だちを限定したグループ内のみでメッセージをやり取りできる機能がある。
d スマートフォンだけでなく、PCでも利用できる。

第2問 動画共有サイトに関する説明のうち適当なものを、選択肢から選びなさい。

a 投稿されていた動画が著作者の許諾のないものとわかっていても、投稿者の落ち度なので、ダウンロードすることに問題はない。
b テレビの番組などは、著作者の許諾がなくても、自由に投稿できる。
c 他人が投稿した動画にコメントを付けることができるサービスもある。
d 代表的なサービスとして、「iTunes Store」や「アマゾン」などがある。

224

第3問 次の画面は、検索エンジン「Bing」を利用して「ドットコムマスター」というキーワードで検索した結果である。これに関する説明として適当なものを、選択肢から選びなさい。

.com Master BASIC

模擬問題解説

第1問 解説 LINE 解答 a

LINEはインターネットを利用して家族や友人と音声通話やメッセージ交換ができるサービスとして登場しました。グループを作ってグループ内だけで連絡を取り合ったり、タイムライン機能を利用して友人に近況を知らせたりすることもできます。
a 正解 SNSには、適切に使用しないと個人情報の流出や犯罪などのトラブルに巻き込まれる危険性が潜んでいます。多くのSNSは年齢制限を設けるなど、未成年者がトラブルに巻き込まれないように対策を施しています。LINEでは利用できる年齢に制限を設けてはいません。ただし、一部の機能の利用を18歳以上に制限しています。
b LINEで提供されているサービスの1つです。
c LINEでは、メンバーを限定したグループを作って、グループ内だけでメッセージを交換したり、写真を共有したりすることができます。
d LINEは、PC用のアプリケーションも提供しています。スマートフォンでLINEを利用している場合は、PC用のLINEアプリケーションをPCにインストールし、スマートフォンと同一のメールアドレスとパスワードでログインすると、PCでもLINEが利用できるようになります。

第2問 解説 動画共有サイト 解答 c

動画共有サイトは、ユーザが投稿した動画を、その他のユーザが共有して視聴できるサービスを提供するサイトです。
a 著作権者の許可なく動画を動画共有サイトに投稿して、閲覧可能な状態にすることは著作権を侵害する違法行為です。また、動画共有サイトに違法に投稿されていると知りつつ、それをダウンロードすることも違法です。
b テレビ番組には制作者、出演者などの著作権、肖像権など多数の権利が含まれます。これらの権利は法律で保護されており、権利を無視して動画共有サイトに投稿することは違法行為です。
c 正解 動画共有サイトの「YouTube」や「ニコニコ動画」では、他人が投稿した動画にコメントを付けることができます。動画共有サイトは、動画を介してコミュニケーションを図ることができるのが特徴の1つです。
d 「iTunes Store」は、有料または無料で音楽配信、動画配信などを行うアップル社のサービスです。「アマゾン」（Amazon.co.jp）はインターネットを利用した通販サイトで、音楽配信、動画配信、電子書籍販売なども行っています。「iTunes Store」や「ア

242

本書は、Android 10.0がインストールされているスマートフォン（iPhoneの場合はiOS 13）、Windows 10がインストールされているパソコン（Macの場合はmacOS Catalina）、使用するWebブラウザはGoogle Chrome、メールソフトはMicrosoft Outlookを前提にしています。なお、お使いのスマートフォンやパソコン、Webブラウザ、メールソフトにより、画面表示や操作方法が異なることがあります。

第3章 インターネットの接続

Webやメールの仕組み

クラウドサービスの進展

第4章 セキュリティ

セキュリティの脅威

日常的に必要な対応

第5章 インターネットをとりまく法律とモラル

模擬問題と解説

●インターネット検定 .com Master（ドットコムマスター）

NTTコミュニケーションズが実施するインターネット検定 .com Masterは、業種・職種を問わず業務に役立つ**ICTスキル認定資格制度**です。社会で必要なICT知識を特定の分野に偏らず、基礎から体系的・網羅的に身につけることができます。インターネットなどICTにかかわる基礎知識をはじめ、時代の変化に伴って出現する新しいトレンドや技術も網羅し、常に進化するICT社会を生きるすべての人に推奨される検定です。

●ドットコムマスター BASIC（ベーシック）

ドットコムマスターは、**ICTを安心・安全に利用できる**初級レベルの検定「ドットコムマスター BASIC（ベーシック）」、個人や企業のICT活用をサポートできる中級・上級レベルの検定「ドットコムマスター ADVANCE（アドバンス）」の2つのグレードから選ぶことができます（ドットコムマスター ADVANCEについては、弊社発行の『完全対策 NTTコミュニケーションズ インターネット検定 .com Master ADVANCE 問題＋総まとめ』をご覧ください）。本書が対象とするドットコムマスターBASICには、**生活や仕事に欠かせないインターネットについての基本知識**を中心に、スマートフォンやSNSなどの最新トレンドから、安全に使うためのセキュリティ知識、マナーやモラルまで、幅広い知識がまとまっています。

本書は、最新版であるNTTコミュニケーションズ発行の公式テキスト第4版に対応しています。

●こんな方におすすめ

ドットコムマスター BASICは、生活や仕事でインターネットを利用するすべての方を対象としています。とくに次のような方に受検をおすすめします。

- **社会人としてのICTスキルを身につけたい。**
- **インターネットの基礎知識を身につけたい。**
- **パソコンへの苦手意識を克服したい。**

●受検方法と出題数

ドットコムマスター BASICの検定には、**全50問**が出題され、すべて多肢選択式です。**全国各地にあるテストセンターに行って受検**するCBT（Computer-Based Testing）受検、または**インターネットに接続された自宅のパソコンなどを使って受検**するIBT（Internet-Based Testing）受検の2通りの受検方法があり、いずれもパソコンの画面に問題が表示され、マウスなどを使って解答を選択します。検定時間は**45分**です。

- **全50問を45分で解答する。**
- **パソコンの画面上で問題に解答する。**

●合格基準

問題によって難易度のばらつきがありますが、問題による配点の違いは示されていません。全50問正解で100点満点なので、平均すると1問2点です。**総合得点70点以上で合格**ですので、単純に考えると、**35問以上の正答率**を目指すことになります。検定の結果は受検後すぐに画面に表示されます。

- **100点満点。総合得点70点以上で合格。**
- **35問以上の正答率を目指す。**
- **受検結果はすぐわかる。**

●問題のパターンと注意事項

検定の出題形式である多肢選択式には、次の選択パターンがあります。

■多肢選択式問題の出題パターン

正しいものを選択	・問題文に対して、正しい文章や当てはまる用語などを1つ選ぶ。 ・選択肢が文章の場合はしっかり読まないと解答できないので時間がかかる。
誤っているものを選択	・問題文に対して、誤った文章や当てはまらない用語などを1つ選ぶ。 ・問題文をしっかり読まないと難易度の低い問題でも間違える可能性がある。
もっとも○○なものを選択	・選択肢を比較して、問題の趣旨にもっとも近い用語や文章を1つ選ぶ。 ・全選択肢を検討しないと解けない問題もある。
組み合わせを選択	・(1)、(2)、(3)……の群から正解の組み合わせを解答する。 ・問題文、選択肢をじっくり読む必要がある。

問題パターンを読み違えると、誤った選択肢を選ぶ可能性があります。実際の問題文にはとくに強調表示がされていないので、**注意深く解答**する必要があります。

●CBT受検とIBT受検

CBT受検は、株式会社シー・ビー・ティ・ソリューションズ（CBT-Solutions）の**公認テストセンター**（全国47都道府県・300か所以上）で受検します。事前に受検用ユーザIDとパスワードを取得し、**会場と日程を予約**します。会場・日程によって予約状況が異なり、希望日時の直前では予約が受けつけられないことがあるので、早めに予約しておくことをおすすめします。

IBT受検は、インターネット環境があれば、**いつでもどこでも受検**することができます。CBT-Solutionsのシステムを利用します。24時間365日受検が可能で、受検料の支払確認後すぐに受検が可能です。

以下に、各受検方法の特徴、申し込みから受検までの手順を示します。

■各受検方法の特徴

	CBT受検	IBT受検
	株式会社シー・ビー・ティ・ソリューションズ（CBT-Solutions）	
受検会場	全国47都道府県・約300か所以上の公認テストセンター。	インターネット環境があれば、いつでもどこでも。
検定実施日	公認テストセンターの空き状況に応じて随時受検可能（事前に希望受検会場での受検日、受検時刻の予約が必要）。	24時間365日受検可能（システムメンテナンス時などを除く）。
申し込み手段	オンラインのみ	
受検料	税抜4,000円	
受検料支払方法	クレジットカード決済、コンビニエンスストア決済、Pay-easy決済、受検チケット（バウチャー）購入。	
申し込み可能な受検日	最短3日後から3か月先まで申し込み可能。	支払決済直後から30日間受検可能。
キャンセル・日程変更	受付期限内ならキャンセルおよび日程変更可能（キャンセルの場合は別途手数料が発生する）。	支払決済後のキャンセルは不可。
検定当日の注意	本人確認書類（1点）を持参する。	インターネットに接続できる環境ならびに一定のスペックを満たす端末（詳細についてはCBT-SolutionsのWebサイトを参照）を用意する。
検定当日の集合時刻	検定開始時刻の30分から5分前。	—
合否結果の発表とスコアシート	合否結果は受検後、すぐに画面に表示される。スコアシートは受検終了後に会場受付で渡される。	合否結果は受検後、すぐに画面に表示される。スコアシートは受検終了後に自分で印刷する。
認定証（PDF）の発行	CBT-SolutionsのWebサイトのマイページから取得可能（2015年9月以降にCBT-Solutionsにて受検した場合）。	
問い合わせ先	ドットコムマスターの公式サイトをご確認ください。	

※記載された情報は変更されることがあります。最新の情報については、ドットコムマスターの公式サイトでご確認ください。

■ドットコムマスターBASIC 申し込みから受検まで

ユーザ登録

CBT受検、IBT受検ともにCBT-Solutionsのユーザ登録が必要です。ドットコムマスターの公式サイトの「受検のお手続き」ページの「申し込みページへ」からCBT-SolutionsのWebサイトに移動、画面の指示に従って必要事項を入力し、ユーザIDとパスワードを登録します。

IBT受検の場合

CBT受検の場合

CBT受検　申し込みと受検料支払

CBT受検では、希望会場の空き状況を調べて、申し込みが可能な日程の希望時刻を予約します。

CBT受検、IBT受検ともに、クレジットカード決済、コンビニエンスストア決済、Pay-easy決済のいずれかの方法を選んで、支払を行います。また、団体受検のように受検チケット（バウチャー）を提供されている場合はコードを入力します。

CBT受検　当日の受付

受検当日は、指定された本人確認書類を持って、指定された集合時刻に会場へ行きます。受付で本人確認を行い、スマートフォンや上着などの荷物すべてをロッカーに預け入れます。

CBT受検　受検開始

指定されたデスクで検定を受けます。受検中にメモをとるための筆記用具とメモ用紙は会場にて提供されます。

CBT受検、IBT受検ともに、検定開始ボタンをクリックすると画面が変わって検定が始まります（検定時間は45分間）。開始後は、途中で停止することはできません。検定の「終了」ボタンをクリックして終了時間より前に終了させることもできます。

CBT受検　受検結果の表示

検定終了時間になると自動的に画面が切り替わり、合否結果が画面上に表示されます。受検会場受付で検定結果のスコアレポートを受け取ります。

認定証の取得

PDF形式の認定証が取得可能です。CBT-Solutions のマイページにログインすると取得することができます。

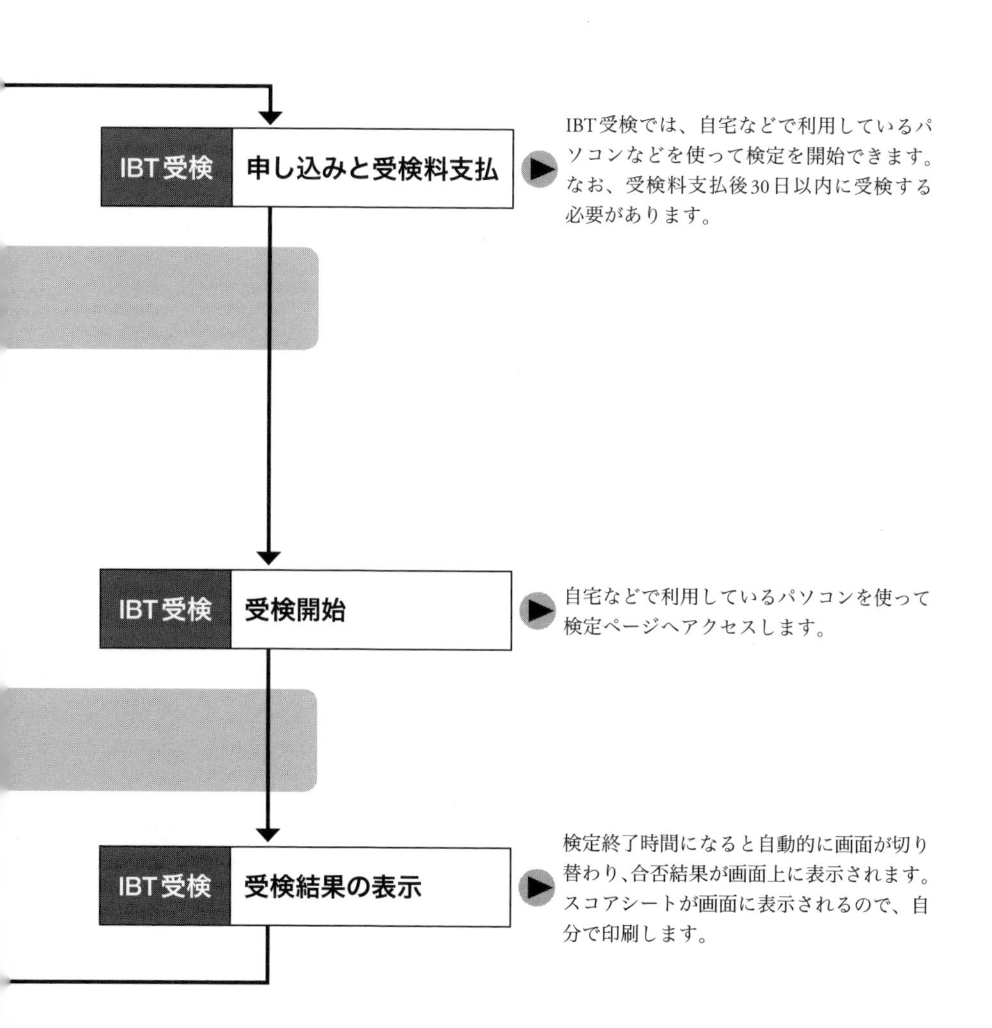

IBT受検では、自宅などで利用しているパソコンなどを使って検定を開始できます。なお、受検料支払後30日以内に受検する必要があります。

自宅などで利用しているパソコンを使って検定ページへアクセスします。

検定終了時間になると自動的に画面が切り替わり、合否結果が画面上に表示されます。スコアシートが画面に表示されるので、自分で印刷します。

●受検における画面の表示

受検中の画面はおおむね次のような構成になっています。

■受検における画面の表示例

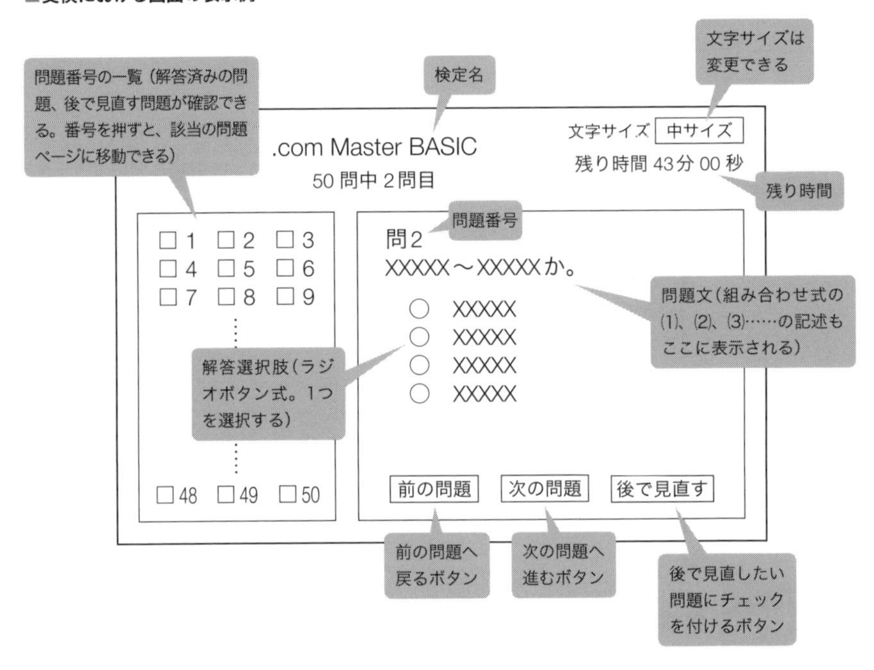

※実際の画面のレイアウトや表示される要素は、異なることがあります。

解けない問題は後回しにすることができます。後で見直したい問題には見直し用のチェックを付けておくことができます。また、問題番号の一覧から、未回答の問題、見直しチェックを付けた問題に飛ぶことができます。

※以上、本書作成時の情報です。受検方法、画面表示などが変更されることもあるのでご注意ください。

●合格のための解答法４か条

本書で学んだ知識を本検定で十分に発揮できるよう、解答に際して注意すべき秘訣を紹介します。

◎即断即決。解答時間が不足しないように！

1問あたりの平均解答時間は54秒（50問を45分で解答）です。問題によっては素早く判断して解答する必要があります。わからない問題に時間をかけて取り組むよりも、短時間で確実に解答できる問題をこなして正解数を増やすことが合格の秘訣です。

◎わからなくても、必ず何かを解答する！

もしわからなくても何らかの解答を入力しましょう（まぐれ当たりもあり得る）。わからない問題、自信がない問題は見直し用のチェックを付けておいて、最後に見直します。

◎時間が余ったら！

最後の問題までひととおり解答したら見直し用のチェックを付けておいた問題に再度とりかかりましょう。未回答になっている問題があったら、必ず解答します。

◎時間いっぱい集中して合格を目指そう！

最後の5秒で正解にたどり着く問題もあるかもしれません。最後まであきらめずに頑張りましょう。

●カリキュラム体系の概要

ドットコムマスター BASICは、次ページからの表に示すように、「章→節→項」構成のカリキュラムによって知識が体系的に整理されています。

第1章 インターネットの利用

日常的に利用する、身近なインターネットサービスの特徴や、AIやIoTなどの新しい技術や仕組みの概要を理解します。

第2章 インターネットの利用を支える技術

インターネットアクセスに必要な各種の情報機器、OSなどについて理解します。具体的には、スマートフォン、パソコンなどの情報機器の仕組み、情報機器の基本的な操作、OSやアプリケーションソフトなどのソフトウェアの特徴の理解、プログラミングの基本についての理解を目指します。

第3章 インターネットの接続

インターネットの概要、インターネットを支える技術、インターネットへの接続方法、Webブラウザ・電子メールの仕組み、クラウドサービスの概要について理解します。

第4章 セキュリティ

インターネット利用に伴うセキュリティ上のリスクを知り、インターネットを安全に利用するために必要な、情報セキュリティ対策について理解します。また、個人情報やパスワードなどの重要な情報の取り扱いについても学びます。

第5章 インターネットをとりまく法律とモラル

インターネットを適切に利用するために必要なルールやマナーについて理解します。また、著作権法など、インターネットの利用に関連して、さまざまな法律があることを理解します。

■ドットコムマスター BASICのカリキュラムと出題傾向

章	節	項		重要度	出題割合（節）	出題割合（章）
1	インターネットの利用					出題割合（章）
	1-1	身近なインターネットサービス		重要度	出題割合（節）	9%
		1	生活の中のインターネット	–	7%	
		2	コミュニケーションのためのインターネットサービス	★★★		
		3	インターネットを使って利用できるサービス	☆☆		
	1-2	インターネットの利用の拡がり		重要度	出題割合（節）	
		1	情報通信ネットワークの活用	–	2%	
		2	インターネットの可能性	☆☆		
2	インターネットの利用を支える技術					出題割合（章）
	2-1	パソコンの仕組みと接続デバイス		重要度	出題割合（節）	31%
		1	代表的な情報機器	★★★	19%	
		2	インターフェース	★★★		
		3	パソコンに接続して利用する機器	★★★		
		4	デジタルデータと記憶装置、記録メディア	★★★		
	2-2	OSとアプリケーションソフト		重要度	出題割合（節）	
		1	OS	★★★	10%	
		2	アプリケーションソフト	★★★		
	2-3	プログラミングの基本		重要度	出題割合（節）	
		1	プログラミングとは	☆☆	2%	
		2	主要なプログラミング言語	–		

（次ページに続く）

※出題割合は、NTTコミュニケーションズ提供の例題を筆者らが独自に分析して算出した。
※「重要度」におけるマークは、－＜☆＜☆☆＜★★★の順に重要度が高いことを示す。

（前ページの続き）

章	節	項		重要度	出題割合（節）	出題割合（章）
3	インターネットの接続					出題割合（章）
	3-1	インターネット構成		重要度	出題割合（節）	33%
		1	インターネット	☆☆	10%	
		2	インターネットの仕組み	★★★		
	3-2	インターネット接続		重要度	出題割合（節）	
		1	インターネットへの接続環境	★★★	14%	
		2	ISPまでの回線	★★★		
	3-3	Webやメールの仕組み		重要度	出題割合（節）	
		1	Webの仕組み	☆☆	6%	
		2	電子メールの仕組み	☆☆		
	3-4	クラウドサービスの進展		重要度	出題割合（節）	
		1	クラウドサービスとは	☆☆	3%	
4	セキュリティ					出題割合（章）
	4-1	セキュリティの脅威		重要度	出題割合（節）	13%
		1	インターネット利用におけるセキュリティ上のリスク	☆	8%	
		2	人間の心理を利用する脅威	★★★		
		3	マルウェアと不正アクセス	☆☆		
	4-2	日常的に必要な対応		重要度	出題割合（節）	
		1	インターネットの安全な利用	☆	5%	
		2	パスワードの管理と認証	☆		
		3	マルウェアと不正アクセス対策	☆		
		4	通信経路の暗号化	☆☆		

（次ページに続く）

（前ページの続き）

章	節	項				
5	インターネットをとりまく法律とモラル					出題割合（章）
	5-1	ルール・マナーと情報の取り扱い		重要度	出題割合（節）	14%
		1	インターネット上で守るべきルールやマナー	☆	2%	
		2	インターネット上の情報の取り扱い	☆		
	5-2	インターネットに関連する法律		重要度	出題割合（節）	
		1	個人情報と知的財産の保護	★★★	12%	
		2	電子商取引	☆☆		
		3	その他の関連法規	★★★		

●出題傾向

本書は、ドットコムマスター BASICを実施するNTTコミュニケーションズから提供された例題を、筆者らが独自に分野分けを行い、そのデータをもとに編集してあります。

19から21ページの表には、章・節ごとの出題割合と項の重要度が示してあります。

「出題割合（章）」は総問題数に対する章ごとの出題割合です。第1章が約10%、第2章、第3章が約30%、第4章、第5章が約15%です（検定問題は全50問）。実際の検定でも、同じような割合で出題されると推測されます。

「出題割合（節）」は総問題数に対する節ごとの出題割合です。また、項ごとの出題傾向は重要度で示しました。

実際の検定では、基本的なICT知識が幅広く出題されます。本書で解説する重要なテーマの理解を深めた上で、日常生活で実際にインターネットやスマートフォン、パソコンを使用すると、さらに知識が広がります。検定で頻出のテーマは、実際の場面でも重要な内容であることが実感できるでしょう。

<table>
<tr><td>検定名</td><td colspan="2">ドットコムマスター ベーシック</td></tr>
<tr><td rowspan="2">検定方法</td><td colspan="2">パソコン入力で解答する（多肢選択式）</td></tr>
<tr><td>●CBT（Computer-Based Testing）</td><td>●IBT（Internet-Based Testing）</td></tr>
<tr><td>検定
実施日</td><td>随時受検可能
※受検日を予約する。</td><td>24時間365日受検可能（支払確認後すぐに受検可能）
※システムメンテナンス等により、利用不可の場合がある。</td></tr>
<tr><td>検定会場</td><td>全国の公認テストセンター（株式会社シー・ビー・ティ・ソリューションズ）
※47都道府県・300か所以上の会場から選択する。</td><td>インターネット環境があれば、いつでもどこでも
※一定のスペックを満たす端末が必要。</td></tr>
<tr><td>結果発表</td><td colspan="2">検定終了後即時
※すぐに画面に表示される。</td></tr>
<tr><td>検定時間</td><td colspan="2">45分</td></tr>
<tr><td>出題数</td><td colspan="2">50問（100点満点）</td></tr>
<tr><td>合格基準</td><td colspan="2">総合得点70点以上</td></tr>
<tr><td>受検料</td><td colspan="2">4,000円（税込4,400円）</td></tr>
<tr><td>認定証</td><td colspan="2">PDF形式の認定証を無料で取得することができる。</td></tr>
</table>

※以上、NTTコミュニケーションズ インターネット検定 ドットコムマスターの公式サイトによる

第1章
インターネットの利用

1 身近なインターネットサービス(1)

公式テキスト 12～22ページ 対応

SNSをコミュニケーションツールとして利用したり、動画を見たり買い物をしたり、インターネットを介して私たちはさまざまなサービスを利用しています。インターネットは、私たちの日常生活にとってなくてはならない存在です。

SAMPLE
例題1　SNSに関する説明として**誤っているもの**を、選択肢から選びなさい。

a　SNSは、プロフィールを公開したり、ブログのように記事を投稿したりすることで、インターネット上でコミュニティを広げられるサービスである。
b　SNSを利用して投稿するためには、必ず実名を公表しなければならない。
c　Facebookは、SNSである。
d　Instagramは、写真や動画の共有を主とするSNSである。

SAMPLE
例題2　Twitterに関する説明として**誤っているもの**を、選択肢から選びなさい。

a　1回の投稿について、最大140文字（英数字280字相当）という文字数制限がある。
b　特定のユーザにだけ自分の投稿を見せるような設定はできないため、投稿はすべて公開される。
c　他のユーザを「フォロー」することにより、そのユーザの投稿を自分のタイムライン上に表示できる。
d　パソコンやスマートフォンでも利用できる。

例題3　代表的なSNSの1つである「Facebook」の特徴として、**適当なもの**を選びなさい。

a　すでに利用している人からの紹介がないと利用できない。
b　スマートフォン、タブレットなど、端末ごとに別のIDが必要になる。
c　「友達」として追加していないユーザの投稿は見ることはできない。
d　気に入った投稿に対しては「いいね！」というボタンで賛同を表すことができる。

例題の解説

解答は27ページ

例題1 SNSは、Social Networking Serviceの略で、インターネット上でコミュニティ（共同体）活動を行うためのサービスです。

a コミュニティに参加する人同士がつながり、情報交換を行うための仕組みとして、SNSには参加者のプロフィールの公開やブログのように記事を書く読むといった機能が用意されています。

b SNSは基本的に、アカウント（会員となってサービスを利用する権利）を取得したメンバー同士が交流できるという仕組みをとっています。SNS内で利用する名前には、Facebookのように実名を原則としているものもありますが、多くのSNSでは任意のハンドルネーム（ニックネーム）での登録・利用を可能としています（正解）。

c Facebookは、世界中に10億人を超える登録者数を持つSNSです。

d Instagramは、写真や動画の投稿と共有に特化したSNSです。

例題2 Twitterは、ブログ（日記のように記事を投稿できるWebサイト）の簡易版のようなサービスです。

a 1回の投稿（ツイートという）では、半角英数字では280文字、日本語の場合は最大140文字の文章を投稿できます。

b 多くのSNSでは、自分の投稿を公開する範囲をユーザ自身が設定することができます。Twitterでも、「非公開ツイート」に設定すると、ツイートの公開範囲を自分をフォローしているユーザに限定することができます（正解）。なお、フォローのリクエストを受けた場合、承認または拒否を選ぶことができます。

c 友人や興味関心のあるユーザを「フォロー」機能で登録すると、自分のタイムライン（投稿を時系列に並べて表示するスペース）上にフォローしたユーザのツイート内容が表示されます。

d SNSの多くは、スマートフォン用のアプリ、パソコン用のWebサイトなど複数の利用手段を用意しています。登録したアカウントでログインすることにより、スマートフォン、パソコンなど特定の利用端末に制限されずにサービスの利用が可能です。Twitterも、パソコン、スマートフォンなどさまざまな端末で利用することができます。

例題3

a 「Facebook」は、アカウントを新規登録することで利用することができます。利用者からの紹介は不要です。

b 「Facebook」は、端末に依存せずに利用することができます。1つのIDをスマートフォンやタブレットなど複数の端末で利用したり、1つの端末を複数のIDで利用したりすることができます。

c 「Facebook」には、公開する範囲を詳細に設定する機能があります。公開範囲を限定せず不特定多数の人に公開することもできます。

d 「Facebook」では、自分や「友達」（Facebook上でコミュニケーションを取り合う相手として登録する人のこと）の投稿などに対して「いいね！」というボタンをクリックすることで、コメントを残さなくてもそのコンテンツ（投稿の内容など）への賛同や共感を表すことができます（正解）。

要点解説 1 身近なインターネットサービス(1)

インターネットでできること

インターネットは世界中に広がった巨大なネットワークです。インターネットに接続したコンピュータ同士は相互にデータのやり取りを行うことができます。

インターネットの特性を利用し、多くの**サービス**が次々と生み出されています。これらのサービスの中には、私たちの毎日の生活を便利に快適にするために役立つものが多数あります。

■インターネットで利用できる身近なサービス

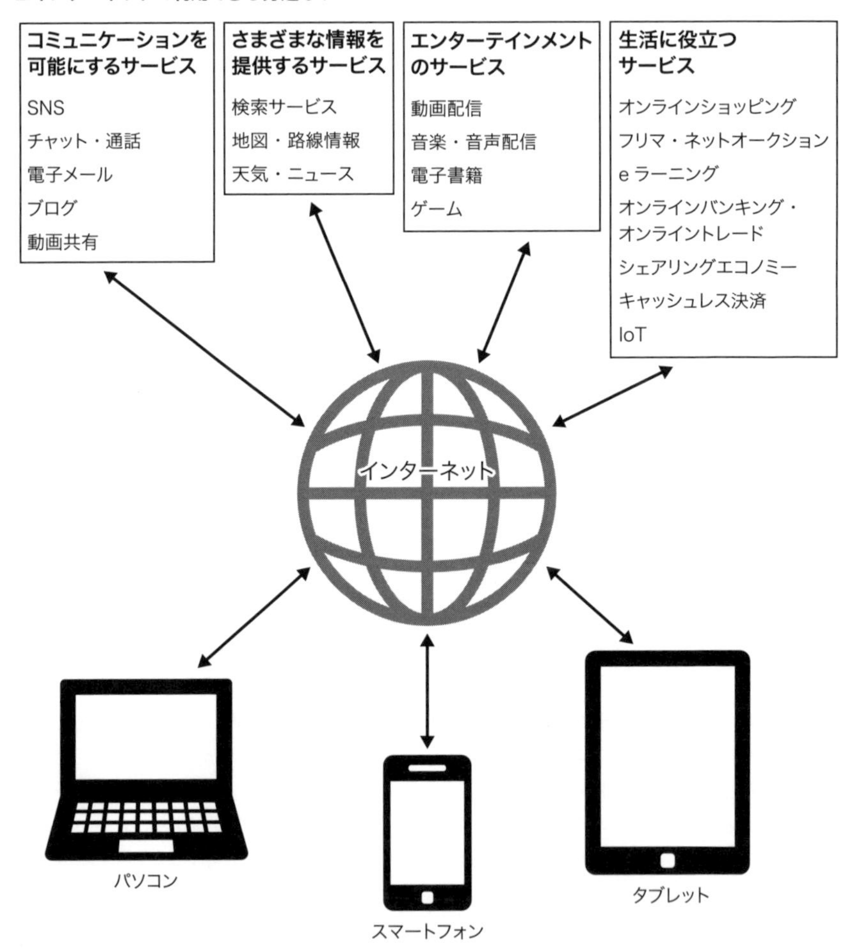

図に示したサービスの詳細については、本テーマおよび以降のテーマで解説します。

インターネットの利用シーン

私たちは、さまざまな場所や環境でインターネットを利用しています。

■家庭内

FTTH接続など、さまざまなインターネット接続サービスが提供されています。無線LAN（Wi-Fi）機能付きのルータを使用すると、Wi-Fiによる接続が可能になります。また、複数の機器を同時にインターネットに接続させることができます。

■屋外

LTEなどの移動体通信ネットワークを使ったインターネット接続サービスや公衆無線LANサービスが提供されています。移動時のインターネット接続に適しているのがスマートフォンです。スマートフォンを介したテザリング接続やウェアラブルデバイスによりインターネットを利用することも可能です。最近では、自動車にインターネット接続機能を搭載してインターネットの通信を行うコネクテッドカーが増えつつあり、コネクテッドカー向けのサービスも提供され始めています。

■学校や会社内

学校や会社では、学内LANや社内LANというネットワークが用意されています。学生や社員がパソコンなどをこれらのLANに接続することでインターネットを利用することができます。

上記に示した利用シーンにおける、FTTH接続やWi-Fi、LTEなどを用いるインターネットへの接続方法については、第3章にて解説します。

▶24ページの解答　例題1　b　例題2　b　例題3　d

コミュニケーションのためのサービス

インターネットは、私たちの生活様式を大きく変えました。その1つがコミュニケーションの方法です。SNS、チャット・通話サービス、動画共有サービス、電子メール、ブログ、オンラインゲームなど、インターネット上では他者とのかかわりを拡げたり深めたりするための多くのサービスが提供されています。

■SNS

SNSはSocial Networking Service（ソーシャルネットワーキングサービス）の略で、人と人のつながりを重視したコミュニティ型のサービスです。メールアドレスや電話番号などを登録してアカウントを取得すると、サービスを利用することができます。コミュニケーションを支援するために、次に示すようなさまざまな機能を提供しています。

・プロフィールの公開
・日記や写真などの投稿
・他人の投稿への共感などを示すリアクションやコメントの付加
・記事の共有
・メッセージ交換
・音声・ビデオ通話

ユーザ自身の投稿や、友だちとして登録したユーザの投稿は、タイムラインというスペースに時系列で表示されていきます。

SNSでは、投稿した内容を不特定多数の人に公開せず、特定の人だけに公開を限定するなど、プライバシーに配慮した設定を行うことができます。また、未成年者がトラブルに巻き込まれないように、13歳未満は利用できないなど多くのサービスで年齢制限を設けています。

日本でもよく利用されているSNSには、世界で10億超の会員数を持つというFacebook、写真・動画の投稿・共有を中心にしたInstagramなどがあります。チャット・通話サービスのLINE、ミニブログ型のTwitterが、SNSとして分類されることがあります。

■チャット・通話サービス

チャット・通話サービスは、リアルタイムにテキストメッセージの交換（チャット）や音声通話・ビデオ通話を行うためのサービスです。画像や動画などのファイルの交換や、LINEのスタンプのように気持ちを表現したイラストなどを送信する機能もあります。代表的なサービスに、LINE、Facebook Messenger、Skype

などがあります。

■動画共有サービス

動画共有サービスは、動画を介したコミュニケーションサービスで、ユーザが投稿した動画を別のユーザが閲覧するという仕組みです。閲覧数の表示、コメントの付加などさまざまな仕組みが採用されています。代表的なサービスに、YouTube、ニコニコ動画、TikTokなどがあります。テレビの生放送のように、映像をライブ配信できるサービスもあります。

■電子メール

電子メールは、宛先にメールアドレスを使用し、インターネット経由でメッセージを送受信するサービスです。メッセージに、写真や動画、音楽、文書などのファイルを添付して送ることもできます。スマートフォンの場合、メールアプリ（電子メール送受信のためのアプリケーションソフトのこと）にメールアドレスやパスワード、メールサーバなどの情報を設定することで利用できます。1つのメールアプリに複数のアカウントを登録する利用方法もあります。

メールアドレスの取得方法には、

・Gmailのようなフリーメールサービスの利用
・NTTドコモ、au、ソフトバンクなど移動体通信事業者との契約による付与
・所属する会社や学校からの付与
・インターネット接続契約のあるISP（インターネットサービスプロバイダ）からの付与

などがあります。

■ブログ

ブログは、日記のように記事を投稿して作成できるWebサイトです。投稿記事は日付順に並びます。閲覧者がコメントを書き込む機能など、読者と交流するための手段も用意されています。アフィリエイト広告の掲載媒体として利用されることもあります。代表的なサービスには、Ameba、ライブドアブログ、gooブログなどがあります。

アフィリエイト

ブログなどのWebサイトに掲載された広告を経由して商品やサービスが購入されたら、広告の掲載者（ブログユーザなど）に報酬が入るという広告形態です。

コミュニケーションに利用される代表的なサービス

コミュニケーションサービスのうち、代表的なものについて紹介します。

■ LINE

チャット・通話サービスとして人気を集めているサービスです。

LINEの特徴は、次のとおりです。

■ LINE（Androidアプリ版）

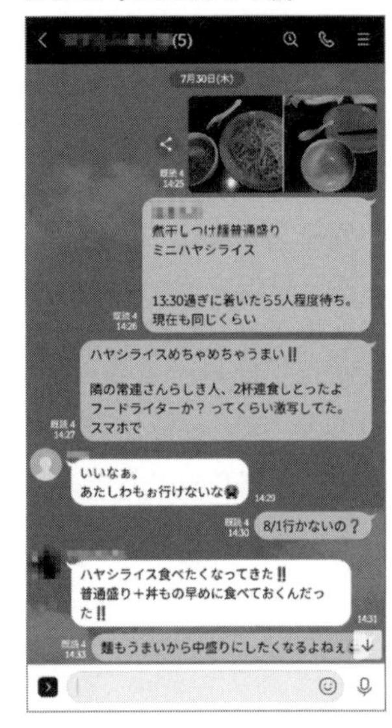

- 「友だち」に追加したユーザ同士のチャットや通話の利用。チャット・通話は「トーク」という画面で行う。
- テキストの代わりにスタンプというイラストを送って気持ちを表すことができる。写真や動画などのファイルを送ることもできる。
- 複数のユーザでグループを作成し、グループ内に限定したチャット・通話ができる。
- 交流を深めるために、アルバムやノート（掲示板のようなもの）機能などが用意されている。
- SNSのように近況などを投稿できるタイムライン機能がある。基本的に、互いに「友だち」として追加したユーザが閲覧できる。
- スマートフォン用のほかにパソコン用のアプリケーションソフトも提供されている。なお、スマートフォンやタブレットなどでは1端末に1つのIDしか利用できない。
- 利用できる年齢に制限はないが、18歳未満では一部の機能を利用することができない。

■ Twitter

■ Twitter（Androidアプリ版）

タイムラインへの短文の投稿が中心のサービスです。

Twitterの特徴は、次のとおりです。

・1回の投稿文字数が日本語で140文字（半角英数字では280文字）までに限られている。
・投稿する行為やその内容のことを「ツイート」という。ツイートに対して返信ツイートや共感を表す「いいね」をすることができる。
・他のユーザを「フォロー」により登録すると、そのユーザのツイートを自分のタイムライン上に表示させることができる。自分をフォローするユーザのことを「フォロワー」という。
・他人のツイートを自分の投稿としてツイートする「リツイート」により、情報を拡散させることができる。
・頭に「#」を付けたハッシュタグという文字列をツイートに付けて、情報の検索などに利用することができる。
・ユーザ同士で非公開のチャット機能（「ダイレクトメッセージ」という）を利用することができる。

■ Instagram

■ Instagram（Androidアプリ版）

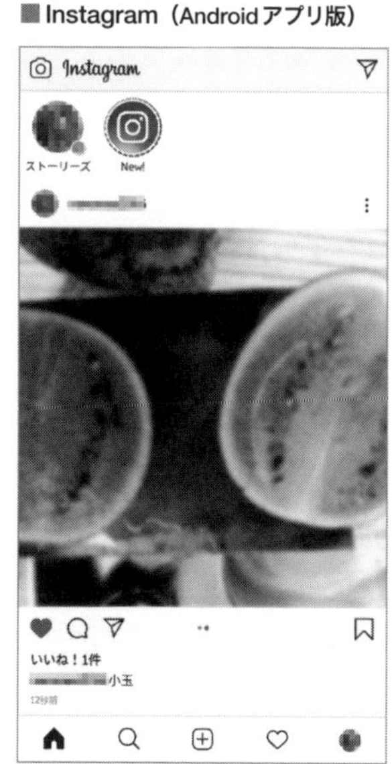

写真や動画に特化した投稿と共有が特徴のSNSです。

Instagramの特徴は、次のとおりです。

・「フォロー」することで他のユーザの投稿を時系列で表示させることができる。
・投稿に共感を表す「いいね！」やコメントを付けることができる。
・写真を加工する機能が充実している。
・ハッシュタグを利用することができる。
・投稿する写真や動画を、FacebookやTwitterなどの他のSNSに連携させることができる。

■ Facebook

世界規模で普及しているSNSで、コミュニティ機能が多彩で充実しています。

Facebookの特徴は、次のとおりです。

■Facebook（Androidアプリ版）

- 実名による登録を原則としている。
- 出身校、勤務先などプロフィールに登録する情報が詳細である。
- Facebook内でつながりたいユーザを「友達」として登録することができる。登録した情報をもとに知り合いと思われるユーザを「友達」候補としてリストアップする機能がある。
- 会員制コミュニティのようなグループ機能がある。
- ニュースフィードという画面には、ユーザ自身や「友達」の投稿内容など、ユーザに関連のある情報が表示される。
- 投稿に共感を表す「いいね！」やコメントを付けることができる。
- 情報や投稿をシェアという行為で拡散することができる。
- 24時間で投稿が自動的に消去されるストーリー機能がある。

いっしょに覚えよう

デジタルディバイド

経済環境、通信環境、スキルなどが原因で、インターネットによる恩恵を受けられる人と受けられない人が存在します。二者の間に生じる格差をデジタルディバイド（情報格差）といいます。

アクセシビリティ

情報などへのアクセスしやすさのことです。できるだけ多くの人がWebサイトの情報に触れることができるように配慮したり仕組みを取り入れたりします。

ユニバーサルデザイン

誰にとっても使いやすくなるように工夫するという考え方です。

■ YouTube

動画の投稿や閲覧のために広く利用されているサービスです。

YouTubeの特徴は、次のとおりです。

- アカウントを取得すると動画を投稿することができる。
- テレビ放送のようなチャンネルを持つことができる。
- 投稿された動画に対して、評価やコメントを付けることができる。
- 気に入った動画を登録する「再生リスト」機能がある。
- 商業用の動画も多く公開されている。
- 動画再生時にCM広告が流されることがある。広告によって動画の提供者が収益を得られる仕組みがあり、動画の閲覧数が多く広告により収益を得ている者はYouTuberと呼ばれている。

■ YouTube（Androidアプリ版）

○×クイズ

次の記述のうち、正しいものには○、誤っているものには×を付けましょう。

①（　　）LINEのアカウントは、13歳以上でなければ取得できない。

②（　　）Facebookは、すでにユーザとなっている人からの紹介がなくてもアカウントを取得することができる。

③（　　）YouTubeには、他人が投稿した動画にコメントを付けることができる機能がある。

2 身近なインターネットサービス(2)

公式テキスト23～31ページ対応

コミュニケーションのほかにも、外出の際に目的地までの経路を調べる、気になる商品の評判を調べる、ショッピングサイトで日用品を買うなど、私たちの生活の多くの場面でインターネット上のサービスがかかわっています。

SAMPLE 例題1

次の説明に**当てはまるもの**を選択肢から選びなさい。

インターネットを使った電子商取引で、一般消費者同士が直接取引を行う形式の取引の代表的な形態。出品者はWebサイト上に、商品の名称や写真、最低価格、入札期限などの情報を掲載し、入札者が現れるのを待つ。期限内に最も高値を提示した入札者が商品を落札し、出品者と連絡を取り合い、商品と代金を交換する。

a　チャット
b　ネットオークション
c　ポータルサイト
d　ネットショッピング

例題2

右ページの画面は、検索エンジン「Google」を利用して「草津温泉」というキーワードで検索した結果である。これについて述べた記述のうち、**誤っているもの**を1つ選びなさい。

a　図の①の下の「ニュース」をクリックすると、検索結果がニュースに絞り込まれる。
b　図の①の下の「地図」をクリックすると、Googleマップにより、草津温泉の地図上の位置が表示される。
c　図の①の部分に、「草津温泉　日帰り」と入力して再度検索すると、検索結果の件数は減る。
d　検索エンジン「Bing」を利用して同じように検索すると、検索結果件数は23,600,000件になる。

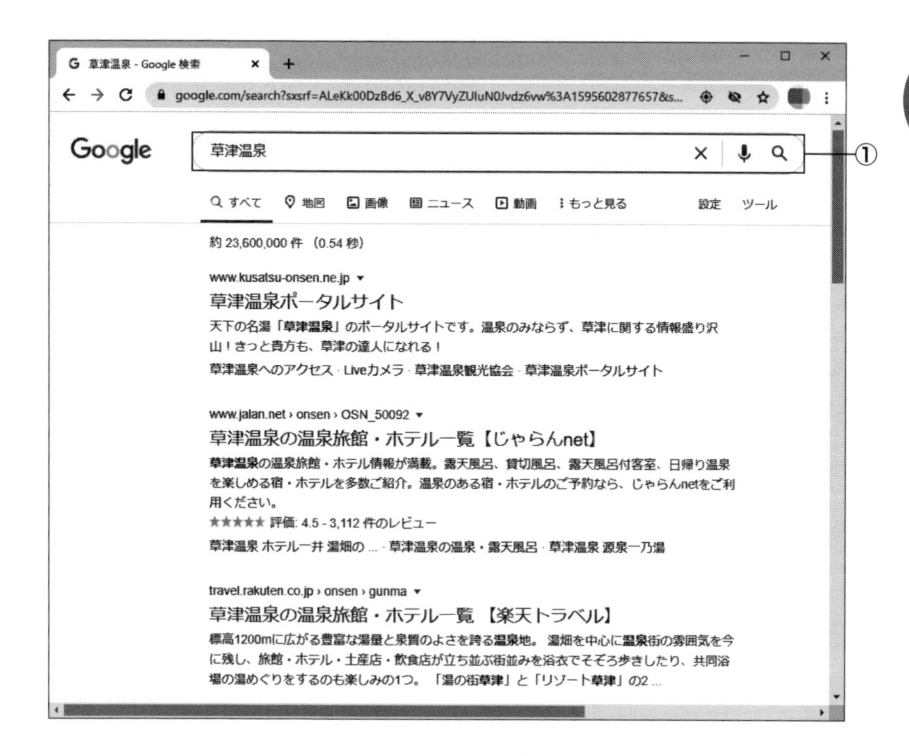

○×クイズ（33ページ）の答え：① × ② ○ ③ ○

例題の解説

解答は37ページ

例題1 電子商取引とは、インターネットなどのネットワーク上で契約、販売、決済といった商取引を行うことです。電子商取引は、誰と誰が行う取引かでいくつかの種類に分けることができます。代表的な形式に、企業（Business）同士が取引を行うB2B（Business to Business）、企業と消費者（Consumer）が取引を行うB2C（Business to Consumer）、消費者同士が取引を行うC2C（Consumer to Consumer）があります。

a チャットは、英語ではchat、日本語に訳すと「雑談」という意味です。インターネットを通じてリアルタイム（即時、同時）に、文字入力によるコミュニケーションを図ることをいいます。チャットは、電子商取引ではありません。

b 問題の記述はネットオークションの説明です（正解）。ネットオークションは、一般消費者同士が直接取引を行うことができるC2Cの取引形態として人気を集めました。ネットオークションの代表的なサービスには、「ヤフオク！」「モバオク」があります。

c ポータルサイトは、インターネットを利用する際に入口となるWebサイトで、検索エンジン、ニュース、メールサービス、辞書サービスなどさまざまなサービスを集約して提供しています。代表的なポータルサイトには、「Yahoo! JAPAN」「goo」などがあります。ポータルサイトは、電子商取引ではありません。

d ネットショッピングは、インターネットを使って買い物をすることで、オンラインショッピングともいいます。企業と消費者が取引を行うB2C形式の取引です。

例題2 調べたい事がらについてインターネット上の情報を検索するサービスでは、検索エンジンというシステムを利用して検索結果を表示しています。インターネット上の情報を検索するサービスのことを検索エンジンということもあります。代表的な検索エンジンがGoogleです。

a 検索結果を、画像、動画、ニュースなどの種類で絞り込むことができます。「ニュース」を選択すると、検索キーワードに関するニュースを表示します。

b 検索エンジンでは検索キーワードに対して地図上の情報を検索することができます。「Google」では、結果はGoogleマップにより表示されます。

c 目的のWebページを見つけにくい場合、検索キーワードを具体的にすると、該当するWebページが減って結果を絞り込むことができます。選択肢では複数の言葉をスペース（空白）で区切って入力することで、検索結果の件数を絞り込んでいます。検索結果の件数は減ります。

d 検索エンジンには複数の種類があり、それぞれシステムに独自の技術を採用しています。検索エンジンが異なると結果表示は同一とはならず、検索結果件数も同一にはなりません（正解）。

要点解説 ❷ 身近なインターネットサービス(2)

情報検索、情報収集

インターネット上には、膨大な量の情報が公開されています。この中から必要な情報を見つけるためには検索サービスを利用します。

■検索サービス

検索サービスでは、キーワードをもとに関連するWebページなどを結果として表示します。検索用のシステムやプログラムを**検索エンジン**といい、Google、Bingなどが代表的です。検索エンジンでは、インターネット上の情報を収集し、検索しやすい形で整理してまとめておきます（検索用のデータベースを作成する）。この中から検索キーワードに該当するものを結果として表示します。

曖昧なキーワードだと、検索しても目的のWebページをすぐ見つけられないことがあります。この場合は、たとえば複数のキーワードの間をスペース（空白文字）で区切って複数のキーワードによる検索などを行うと、検索結果を絞り込むことができます。検索対象を画像、動画、地図、ニュースなどに絞り込むことや音声、画像による検索もできます。なお、検索をした人が興味を持ちそうな広告ページが検索結果として表示されることもあります。

■検索サービスGoogle（Androidアプリ版）

データベース

情報を、扱いやすくするために整理してまとめたものです。データベースの形に整えることで情報の検索や並べ替え、抽出などの操作がしやすくなります。

▶34、35ページの解答　例題1　b　例題2　d

■地図検索・乗換案内

地図検索は、地図上の情報を検索・表示するサービスです。代表的なサービスは、Googleマップ、Yahoo! 地図などです。現在地や特定の場所の周辺の施設情報などを調べたり、出発地から目的地までのルートを検索したりすることができます。なお、スマートフォンなどでは、位置情報の取得にGPS機能を利用しています。**GPS**（Global Positioning System）は、人工衛星からの電波をとらえて現在位置を測定するシステムです。

■Googleマップ（Androidアプリ版）

乗換案内は、出発地から目的地まで、電車やバス、飛行機、船などの交通機関を利用した経路を案内するサービスです。出発や到着の時刻、終電など条件を指定した検索、時刻表、運行状況、運賃、駅周辺の地図情報などを提供するサービスもあります。代表的なサービスに、ジョルダン、Yahoo! 乗換案内、NAVITIMEなどがあります。

■Yahoo! 乗換案内（Androidアプリ版）

オンラインショッピング

■Amazon.co.jp(Androidアプリ版)

オンラインショッピングにより、さまざまな商品やサービスを購入することができます。商品を販売するショッピングサイトには、直販型、モール型（複数の店舗が集まっているWebサイト）などがあります。代表的なショッピングサイトにAmazon.co.jp（アマゾン）、楽天市場、Yahoo! ショッピングなどがあります。

多くのショッピングサイトでは、ユーザの購買履歴や閲覧履歴を分析して、ユーザが興味を持ちそうな商品の提案に役立てています。また、ユーザが評価や感想を投稿できる仕組みを備えるショッピングサイトも多く、閲覧したユーザが商品購入の参考にすることができます。

■オンラインショッピングの決済方法

ショッピングサイトでは、さまざまな決済方法を用意しています。クレジットカード、代金引換（代引き）、コンビニ、口座振込、電子マネー、通信事業者の回収代行サービス（通信サービスの利用料金とともに支払を行う）、仮想通貨などがあります。

■ポイントサービス

買い物などの取引金額などに応じて顧客にポイントを付与するサービスです。楽天ポイント、Tポイント、dポイントなどがあります。貯まったポイントは実店舗やオンラインショッピングでの支払などに利用することができます。ポイントサービスは、顧客の継続利用への動機付けのほか、顧客の購買情報を取得・分析し、店舗の品揃え、顧客への広告活動などを行うためにも利用されています。

フリマ、ネットオークション

インターネットには、フリマ（フリーマーケット）やネットオークションのように、一般の消費者同士が不要品を売り買いできる場が用意されています。

フリマアプリのメルカリは、スマートフォンのカメラ機能を使って出品までの操作を手軽にできることから人気を集めました。出品者が売値を付けて、希望者は早い者勝ちで購入します。

ネットオークションでは、出品者がWebサイト上に売りたい商品の名称や写真、最低価格、入札期限などを掲載し、入札者が現れるのを待ちます。期限までにもっとも高値を提示した入札者が落札者となり、商品を入手する権利を得ます。落札後は出品者と落札者が直接連絡を取り合い、商品と代金を交換し、取引を終了します。ネットオークションの代表的なサービスには、ヤフオク！、モバオクなどがあります。

■メルカリ（Androidアプリ版）

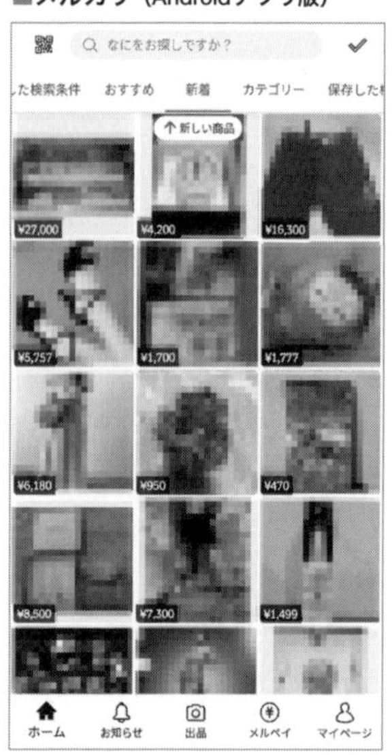

動画配信

動画配信サービスは、映像コンテンツをインターネット経由で配信するサービスです。ビデオオンデマンド形式のサービスが普及し、Netflix、Amazonプライム・ビデオ、Hulu、dTV、NHKオンデマンド、Tverなどがあります。ビデオオンデマンド（**VOD**：Video On Demand）はユーザの要求に応じて動画を配信する方式で、ユーザは見たいときに見たい映像コンテンツを視聴できます。広告が入る無料のサービスや、コンテンツごとの課金や定額で見放題のサービスなど料金体系はさまざまです。配信するコンテンツには、映画やテレビ番組の再放送や、プロバイダ（サービス事業者）が独自に制作したものなどがあります。AbemaTV、DAZNのように、インターネット上のテレビ放送を行うサービスもあります。

■Amazonプライム・ビデオ（Androidアプリ版）

■ストリーミング

ストリーミングは、動画や音声などをネットワーク経由で配信する際に、データのダウンロードの完了を待たずにダウンロードと並行して再生させる技術です。ダウンロードできなかった部分は飛ばして再生し、再生後のデータは破棄されます。

音楽・音声配信

音楽配信サービスは、音楽コンテンツをストリーミングで配信するサービスで、Spotify、Apple Musicなどがあります。多くのサービスが採用しているのがサブスクリプションという課金形態です。サブスクリプションは、一定期間、製品やサービスを利用できることに対して料金を支払う方式です。音楽配信サービスの中には、気に入った曲をオフラインでも聴けるように、ダウンロードした楽曲をスマートフォンなどに保存できるようにしているサービスもあります。

インターネット経由でラジオ放送を行う**インターネットラジオ**というサービスもあり、radiko.jp、NHKネットラジオ　らじる★らじるなどがあります。

■Spotify（Androidアプリ版）

電子書籍

電子書籍は、書籍や雑誌、マンガなどをデジタルデータにしたもので、電子書籍リーダで読むことができます。電子書籍は、Kindleストア、Apple Books、Google Playブックス、楽天Kobo、LINEマンガなどの電子書籍販売ストアで購入することができます。

オンラインゲーム

オンラインで遊ぶゲームを**オンラインゲーム**といいます。リアルタイムの対戦や、複数のユーザで一緒に進行していくゲーム、SNSと連携したゲーム、スマートフォンの位置情報と連動して遊ぶゲームなど、さまざまなゲームを楽しむことができます。ゲーム内のアイテム購入などに課金が必要となるゲームもあり、エスカレートして高額課金にならないよう、遊び方には注意が必要です。

eラーニング

インターネットを利用した学習やそのためのシステムを**eラーニング**といいます。インターネット接続環境と利用端末さえあれば、場所や時間にとらわれずに学習することができます。eラーニングの代表例が、誰もが無償で大学などの講座をオンライン受講できる**MOOC**（Massive Open Online Course：大規模公開オンライン講座）です。MOOCの取り組みは世界規模で普及し、日本ではMOOCの普及・拡大を目的としたJMOOC（一般社団法人日本オープンオンライン教育推進協議会）が設立されています。日本におけるMOOCのプラットフォームには、gacco、OpenLearning, Japan、OUJ MOOC、Fisdomなどがあります。

■eラーニング（gacco http://gacco.org/）

オンラインバンキング、オンライントレード

オンラインバンキングは、インターネットを利用して口座の残高確認、振込などができるサービスで、ネットバンキング、インターネットバンキングともいいます。実店舗展開する銀行が顧客向けのサービスとして提供するものや、オンラインバンキングのみで事業を行う銀行もあります。

オンライントレードは、インターネットを介して株式や投資信託などの売買を行うことで、実店舗より手数料の安いことが特徴です。

シェアリングエコノミー

インターネットの普及により人と人が容易につながることができるようになったことから、個人が所有するモノやスキルを、インターネットを介して貸し借りする、**シェアリングエコノミー**というサービスが生まれました。民泊（Airbnbなど）、ライドシェアリング（Uberなど）、カーシェアリング（dカーシェアなど）、家事代行（タスカジなど）など、さまざまなものがシェアリング（共有）されています。

■Airbnb（Androidアプリ版）

つながりクイズ

関係の深い項目を線でつなぎましょう。

①　フリマ・
②　ネットオークション・
③　シェアリングエコノミー・

・ア　個人が所有するものを一時的に貸し出す。
・イ　価格を決めて不要品を出品し、欲しい人は早い者勝ちで購入する。
・ウ　出品された商品に対して、最も高い値を付けた人が落札する。

3 社会を支える技術やサービス

公式テキスト32～44ページ対応

インターネットを含む情報通信技術の発達により、さまざまな技術やサービスが登場しています。技術やサービスの浸透は私たちの生活や社会のあり方を大きく変え、そこからさらに新しい技術やサービスが生まれています。

IoTの利用例として、**もっとも適当なもの**を、選択肢から選びなさい。

a　目的に応じコンピュータ上で処理を行う。
b　電子メールを利用し、他人とコミュニケーションする。
c　インターネット上にコミュニティを形成して多くの人と交流する。
d　自宅にある家電を外出先から操作したり、離れた場所にいるペットを見守ったりする。

例題2　電子マネーに関する説明のうち**適当なもの**を、選択肢から選びなさい。

a　ポストペイ式では、事前に発行会社から電子マネーを購入する。
b　スマートフォンでは電子マネーを利用することはできない。
c　非接触型のICカード方式の電子マネーでは、RFIDという仕組みが利用されている。
d　代表的なものとして、「ビットコイン」などがある。

例題の解説

解答は47ページ

例題1 IoTは、Internet of Thingsの略語で、直訳すると「モノのインターネット」です。身のまわりのいろいろなモノが通信機能を持って直接インターネットなどのネットワークに接続することで、生活や事業活動に役立てようとする仕組みのことです。

a 目的に応じコンピュータ上で処理を行うものとして、アプリケーションソフトがあげられます。Webページを閲覧するWebブラウザ、文書を作成するワープロソフトなど、目的に合わせてアプリケーションソフトを使い分けます。

b 電子メールを利用して他人とコミュニケーションすることは、インターネットの活用例の1つです。

c インターネット上でコミュニティを形成して、コミュニティに属する人同士が交流するサービスはSNSです。

d 家電やネットワークカメラなど身のまわりのモノがインターネットとつながることで、外出先からスマートフォンなどを操作してエアコンのスイッチを操作したり、ネットワークカメラでペットの様子を見守ったりすることができます（正解）。

例題2 電子マネーは、現金の代わりのデジタルデータ（電子的な情報）による決済手段です。

a ポストペイ式ではなく、プリペイド式の説明です。ポストペイ式は、電子マネーの使用後にクレジットカードなどで支払う方式です。

b スマートフォンでも電子マネーを登録して利用することができます。決済手段には、スマートフォンに内蔵された、非接触型のICカードと同じ仕組みのICチップを利用する方法や、QRコードやバーコードのスキャンによるコード決済という方法があります。

c 非接触の無線通信によりタグの情報をやり取りする仕組みや技術全般をRFID（Radio Frequency IDentification）といいます。非接触型のICカード方式の電子マネーでもRFIDの仕組みが採用され、ICカードに記録された電子マネーの残高情報を、読み取り機により瞬時に読み書きします（正解）。

d ビットコインは、ブロックチェーンを基盤とした仮想通貨（暗号資産）で、電子マネーではありません。

つながりクイズ（43ページ）の答え：① イ ② ウ ③ ア

要点解説 3 社会を支える技術やサービス

情報通信ネットワークの活用

インターネットを含む、情報をやり取りするためのネットワーク（情報通信ネットワークともいう）を活用して多種多様な情報システムが作られ、多くの場面で活用されています。

■地震速報、防災情報

気象庁は各地の観測データを集めてコンピュータによる解析を行い、天気予報などの気象情報、地震、津波、台風などの**防災情報**を配信しています。**緊急地震速報**は、最初の揺れから規模などを自動計算し、強い揺れが届く数秒～数十秒前に該当地域にいる人々に対してテレビ、ラジオ、携帯電話などを通して知らせるもので、被害を最小限に抑えることを目的としています。防災気象情報を配信するアプリも提供されています。

■電子カルテ、遠隔医療

医療用カルテ情報の電子化とデータベース化（**電子カルテ**）、レントゲン写真などの画像データとの一元管理化などが進みつつあり、医療の質的向上に寄与しています。また、医療施設の少ない地域や通院に難のある高齢者に対して、誰でも医療サービスを受けられるための仕組みとして、インターネットを利用したテレビ会議による**遠隔医療サービス**の提供が始まっています。

■マイナンバー、年金情報

国内に住民票のある個人を識別するために付与される**マイナンバー**（個人番号）は、税、社会保障、災害対策の3分野における行政の効率化を図り、国民の利便性を高め、公平・公正な社会の実現のために導入されています。また、年金制度では、個人を識別するために**基礎年金番号**を利用しています。基礎年金番号をもとに「ねんきんネット」で自分自身の年金の記録や給付見込み額などを調べることができます。マイナンバーと基礎年金番号の連携も始まっています。

■電子申請

行政分野へのICT（情報通信技術）活用を行う**電子政府**が推進されています。国税電子申告・納税システムのe-Taxのように、行政機関に対する各種申請・届出などをインターネット経由で行う**電子申請**の普及が進められています。

■ **POSシステム**

小売業を中心に利用されている**POSシステム**は、バーコードの読み取りによるデータ収集とネットワーク経由のデータ送信により、商品の販売情報や在庫情報を管理するものです。コンビニなどが店舗で収集したデータを本部に送信し、本部ではデータから顧客の動向を分析して売上や業務効率の向上に役立てています。

■ **ATM**

ATM（預金自動預払機）は、銀行の窓口業務の一部を代わりに行う装置です。銀行の取引データを処理する情報システムにネットワーク経由で接続されているので、ATMでの操作がリアルタイムに口座情報に反映されます。

銀行や証券会社、クレジットカード会社などの金融機関はそれぞれ情報システムを運用し、他の金融機関の情報システムとも相互に接続しています。そのため、提携する銀行のATMでも、保有する銀行口座の取引を行うことができます。

■ **トレーサビリティ**

宅配便において配送荷物を個別の番号および対応するバーコードで管理することが行われています。このように、バーコードなどを利用して商品の履歴や動きを確認する仕組みを**トレーサビリティ**（追跡可能性）といいます。トレーサビリティには、バーコードのほかにRFIDのICタグなども活用されています。

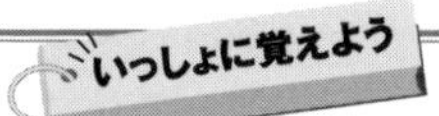

RFID

ICチップが内蔵されたRFタグ（ICタグ、無線タグなど、さまざまな呼び名がある）のデータを無線通信により非接触で読み書きする仕組みのことです。読み取り機にかざすだけで瞬時にデータを読み書きします。商品の在庫管理や履歴管理など、さまざまな用途に活用されています。非接触型のICカードは広義のRFIDに含まれ、日本ではソニーのFeliCaという技術が普及しています。

■ **電子マネー**

電子マネーは、現金ではなくデジタルデータ（電子的な情報）で金銭をやり取りする決済手段です。事業者から事前に購入するプリペイド式、使用後にクレジットカードなどで支払うポストペイ式があります。RFIDと同じ仕組みで決済する非接触型のICカードの電子マネーが普及しており、Suica、楽天Edy、iDなどがあります。

電子マネーはスマートフォンによるモバイル決済で利用することもできます。非接触型のICカードと同じ仕組みで決済する方法のほかに、QRコードやバー

▶44ページの解答　例題1　d　例題2　c

コードの画面表示とスキャンによるコード決済も普及しつつあります。コード決済のサービスには、d払い、PayPay、楽天ペイ、LINE Payなどがあります。

利用が拡がる新しい技術やサービス

社会活動や経済活動の多くがICT（Information and Communication Technology：情報通信技術）を中心とする仕組みに移行し、新しい技術やサービスが登場する中、さまざまな業界において**デジタルトランスフォーメーション**（Digital transformation、略してDX）と呼ばれる変化が起きています。DXは、「ICTの浸透が人々の生活をあらゆる面でより良い方向に変化させる」という概念です。

■フィンテック

金融サービスにICTを組み合わせることで生まれる新しいサービスや動きを、**フィンテック**（FinTech）といいます。ICTの活用により業界参入のハードルが低くなることが特徴で、スマートフォンを使った決済や送金サービス、AIが資産運用を支援するロボアドバイザー、資金調達を不特定多数の人から募るクラウドファンディング、ブロックチェーン技術を基盤とする仮想通貨など、さまざまな新規サービスが登場しています。身近な例では、金銭の出納を一元管理する家計簿アプリがあげられます。

■ブロックチェーン

ブロックチェーンは、同じデータをネットワークでつながった多数の場所に記録することで、改ざんを防ぐ仕組みです。ブロックチェーンは、データをブロックという塊にして次々とつなげていき、つながったブロックは相互に承認する仕組みを取り入れています。一部のデータが改ざんされるとブロックのつながりに不整合が生じて、改ざんが判明するという仕組みです。

ブロックチェーンの代表的な利用例がビットコインなどの仮想通貨（暗号資産）です。仮想通貨は国家が価値を保証する法定通貨と異なり、ブロックチェーンにより貨幣としての信頼性を確保しています。そのほか、ブロックチェーンには、製品のトレーサビリティや著作権の管理など、さまざまな分野での利用が期待されています。

■IoT

さまざまなモノが直接インターネットなどに接続して自ら情報をやり取りする**IoT**(Internet of Things)という仕組みの普及が進んでいます。IoTデバイスには家電、ネットワークカメラ、ウェアラブルデバイス、スマートスピーカなどがあり、外出先から自宅にある家電の操作やペットの見守り、防犯などを行うことができます。介護施設における見守り、工場の機械の稼働状況を遠隔地からモニタリングなど、IoTの仕組みはさまざまな業界で活用されています。

IoTでは、データの収集を各種のセンサが行います。温度センサ、湿度センサ、明るさセンサなどさまざまなセンサが利用されています。

■ビッグデータ

スマートフォンやインターネットの利用により、世界中で蓄積されている膨大なデータを**ビッグデータ**といいます。従来、データの有効活用にはデータベースとして整理する必要がありましたが、コンピュータの処理速度の高速化、データへのアクセス速度の高速化、AI（人工知能）技術の進展などによって、ビッグデータを活用できるようになりました。今後、IoTの進展により、さらに多くのデータが収集・活用されることが期待されています。

■AI

人間の知能活動をコンピュータに行わせる**AI**（Artificial Intelligence：人工知能）技術の研究と実用化が進んでいます。AIの研究は1950年代から行われ、研究が盛んになるAIブームの時期と下火になる冬の時代を繰り返し、現在は第3次ブームにあるといわれています。

現在のAIブームのベースは、コンピュータが大量のデータから自らルールやパターンを発見する機械学習という手法です。さらに、人間の脳神経の構造を模したニューラルネットワークを用いる深層学習（ディープラーニング）の精度が向上し、AIの実用化が進みました。

画像の内容を判断する画像認識、音声からテキストを生成する音声認識、日常的に話される自然言語を処理する自然言語処理など、さまざまな分野でAIは活躍しています。翻訳サービス、自動運転車、スマート農業などもAIが活用されています。

■AIによる画像認識
（Googleレンズ：Androidアプリ版）

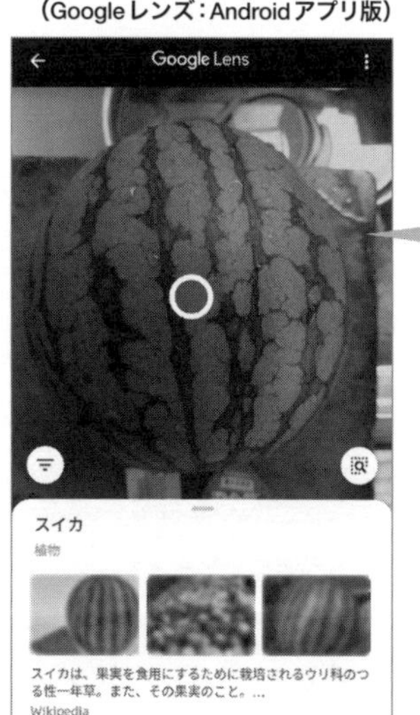

画像に写っているものをAIが認識している。

■**VR/AR**

ゲーム、スポーツ観戦、シミュレーションなどで活用されているのが**VR**（Virtual Reality：仮想現実）や**AR**（Augmented Reality：拡張現実）といった技術です。VRは実際には存在しない仮想世界をコンピュータ上に作り出す技術、ARは現実世界にコンピュータで作り出した映像を組み合わせる技術です。

■**ロボティクス**

ロボットを研究する**ロボティクス**（ロボット工学）では、AIやIoTなどの技術とロボットを組み合わせる研究や開発が進んでいます。受付案内ロボット、介護ロボット、掃除ロボット、AI搭載ドローンなど、さまざまなロボットが実際に利用されています。

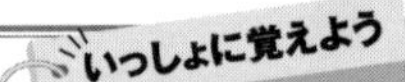

デジタルディスラプタ

「創造的破壊者」という意味で、配車サービスのUber、民泊のAirbnbのように、ICTを活用して既存の産業構造を大きく変革するような新しい商品やサービスを生み出す企業のことを指します。

つながりクイズ

関係の深い項目を線でつなぎましょう。

① IoT・　　　・ア　デジタルトランスフォーメーション

② DX・　　　・イ　拡張現実

③ AR・　　　・ウ　モノのインターネット

第2章
インターネットの利用を支える技術

1 コンピュータ、パソコン、スマートフォン

公式テキスト46～51ページ対応

インターネットを利用するには、スマートフォンやパソコン、タブレットといった情報機器が必要です。これらの機器は、形や大きさは異なりますが、いずれもコンピュータの一種であり、基本的な機能は共通です。

SAMPLE
例題1 タブレット型情報機器の特徴の説明として**適当なもの**を、選択肢から選びなさい。

a スマートフォンに比べ液晶画面が小さく用途が限定される。
b 文字などの入力は専用のキーボードを接続することが前提で作られている。
c 電子書籍の閲覧に特化した情報機器である。
d 液晶表示画面にタッチして入力することができるタッチパネルで操作の多くを行うことができる。

例題2 スマートスピーカの特徴の説明として**誤っているもの**を、選択肢から選びなさい。

a 家庭内のIoT機器としてスマートスピーカがあげられる。
b 「今日の天気は？」のように声で問いかけると、AIアシスタントの処理を経て音声による回答を得ることができる。
c スマートスピーカのすべての機能は、インターネットに接続していなくても利用できる。
d AIアシスタントの処理の一部にはAI技術が利用されている。

例題の解説

解答は55ページ

例題1 タブレット（タブレット型情報機器）は、液晶表示画面、入力用のタッチパッドとコンピュータの機能を一体化した機器です。

a スマートフォンより大きい画面を持ち、動画や電子書籍の閲覧に適しています。最近ではレジ端末としても利用されています。

b タブレットの操作はタッチパネルで行います。文字入力は、画面に表示されるキーボード（ソフトウェアキーボード、仮想キーボードなどと呼ばれる）をタッチして行います。専用のキーボードの接続を前提として作られているのはデスクトップ型パソコンです。

c　電子書籍の閲覧に特化した情報機器は、電子書籍リーダと呼ばれます。タブレットと同様の形態ですが、電子書籍の閲覧という単機能の機器です。これに対して、スマートフォンやパソコン、タブレットは、アプリをインストールすることで汎用的な使い方ができます。

d　タブレットは、ディスプレイとタッチパッドの機能が一体となったタッチパネルが特徴です。ほとんどの操作をタッチパネルで行うことができます（正解）。

例題2　スマートスピーカは、音声による操作指示に対して、インターネット経由でAIアシスタントが処理を行い、その結果を音声の出力などにより返すスピーカです。AIアシスタントは、対話形式で動作します。

a　IoTは、さまざまなモノがインターネットに接続することで、データを自動的に取得したり、機械などの制御を自律的に行ったり、さまざまな用途に活用しようとする仕組みのことです。家庭内で利用されるIoT機器には家電やネットワークカメラ、スマートスピーカなどがあります。スマートスピーカと連携する照明器具や家電などの操作を音声で指示することもできます。

b　スマートスピーカに話しかけると、AIアシスタントがその内容を解釈し、必要に応じて最適な情報を検索します。検索して取得した情報は、スピーカより出力されます。

c　スマートスピーカで動作するAIアシスタントは、インターネット上のサーバで動作します。インターネット接続がないと、AIアシスタントを動作させることができません（正解）。

d　音声による指示を解釈して、最適な処理結果を返答する処理にAI技術が利用されています。

要点解説 1 コンピュータ、パソコン、スマートフォン

コンピュータ

コンピュータは情報を扱う機械です。コンピュータには、パソコンやスマートフォンなどさまざまな形態のものが存在しますが、基本的な働きや構成要素は共通しています。

■コンピュータの働き

コンピュータは、**入力**を得て→処理（**演算**）を行い→結果を**出力**します。また、入力した内容や出力結果を**記憶**・保存する機能、入力、演算、出力、記憶・保存という動作の全体を**制御**する働きを持ち

■コンピュータの機能

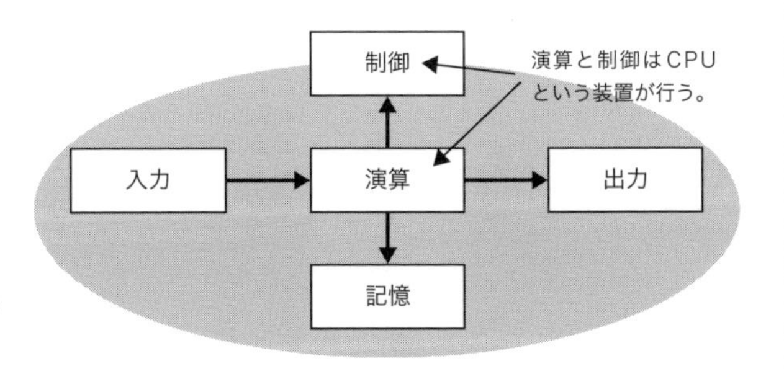

つながりクイズ（50ページ）の答え：① ウ ② ア ③ イ

ます。

処理の手順はプログラムによって与えられます。コンピュータに与えるプログラムを差し替えることでさまざまな処理を行うことができるのが、コンピュータの仕組みの大きな特徴です。

■コンピュータの構成

主要な情報機器であるパソコンやスマートフォンは、外観や利用形態は異なりますが、基本的な構成は同じです。

パソコンの場合の基本構成は、本体、ディスプレイ、キーボード、マウス（ノート型パソコンの場合はタッチパッド）です。本体は、情報を処理・記録するためのさまざまな装置を内蔵しています。ディスプレイは情報を表示する機器、キーボードとマウスは入力するための機器です。

■コンピュータの機能

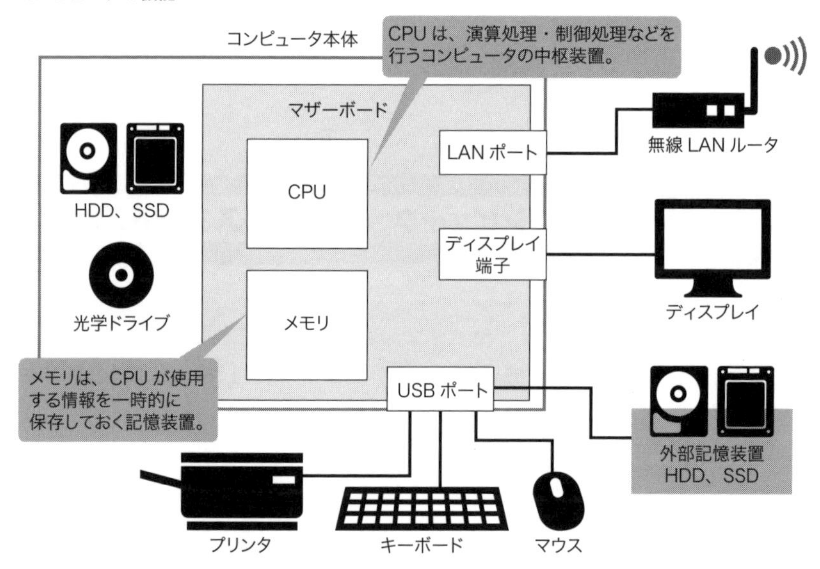

スマートフォンの場合は、板状の筐体（きょうたい）の中に本体が収まっています。パソコンにおけるディスプレイ、キーボード、マウスの役割をタッチパネルがすべて担います。

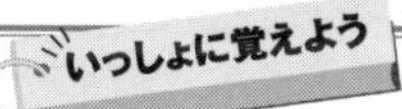

マザーボード

CPUやメモリ、コンデンサなどコンピュータの中枢を担う電子部品を組み込んだ、電子回路基板です。

ポート

パソコンなどに備えられているコネクタの部分をポートといいます。

スマートフォンとパソコン

インターネットに接続して利用する身近な機器の代表が、スマートフォンとパソコンです。そのほかにも、タブレットやスマートスピーカ、ウェアラブルデバイスなどもインターネットに接続しながら利用します。ゲーム機や家電製品、さらには普及が進むIoTデバイスなど、インターネットに接続して使われる機器は増えています。

■スマートフォン

スマートフォンは、音声通話を利用するための携帯電話に、パソコンのような機能を加えた機器です。携帯しながらの利用に適した形状、画面のタッチパネルによる手軽な操作、コンピュータとしての処理性能の高さや高画質動画の再生などが特徴です。LTEなどを利用する移動体通信機能、Wi-Fi（無線LAN）、Bluetoothなど複数の通信機能を持ちます。アプリ（アプリケー

■スマートフォンのおもな機能

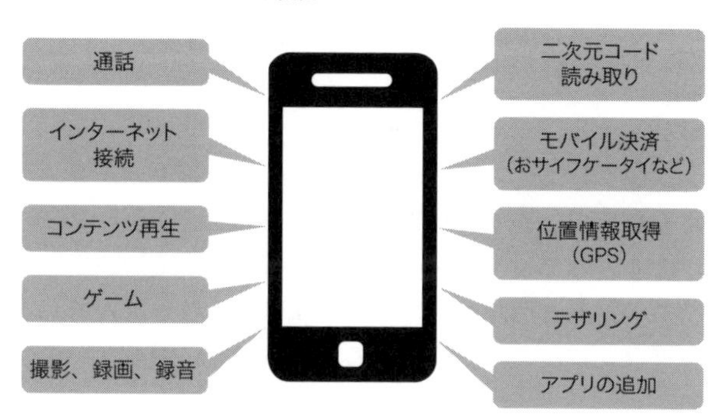

いっしょに覚えよう

二次元コード

正方形などのスペースに任意の文字列情報を埋め込んだものです。QRコードが代表的です。

GPS

GPS（Global Positioning System）は、人工衛星からの電波をとらえて現在位置を測定するシステムです。

ションソフトウェアのこと）を導入することで、Webページの閲覧、文書や画像、映像、音声などのファイルの処理など、スマートフォンだけでさまざまな処理を行うことができます。

■パソコン

パソコン（パーソナルコンピュータ）は、個人向けのコンピュータであり、Personal Computerを略してPCともいいます。キーボードやマウスまたはタッチパッドからの入力、広くてマルチウィンドウなど応用性の高いディスプレイ機能、高性能CPUと大容量メモリによる高い処理能力が特徴です。汎用性と拡張性が高く、ソフトウェアのインストールや周辺機器の接続により、さまざまな用途に活用することができます。

■タブレット

タブレット（タブレット型情報機器）は、スマートフォンよりも広いタッチパネル画面を持つ、板状の機器です。通信機能がWi-Fiのみのものが主流であり、画面が大きいので動画や電子書籍の閲覧に適しています。

タブレットと形態が似たものに電子書籍リーダがありますが、こちらは電子書籍をダウンロードして表示するという機能に徹しています。

■スマートスピーカ

スマートスピーカは、音楽などを再生できるスピーカでありながら、音声による多様な操作を可能にする機器です。Wi-Fiなどの通信機能を有し、AI技術を利用するAIアシスタントが利用者との対話をもとにさまざまな処理を行います。AIアシスタントはインターネット上に置かれ、利用者の発する声による指示を認識して必要な処理を行い、得られた結果をスマートスピーカに返します。たとえば「明日の気温は？」のように問いかけると、インターネットを検索して、適切な答えをスピーカから出力します。そのほか、ネットショップに商品を注文する、連携するエアコンや照明機器、AV機器などを操作するといったことも行うことができます。

いっしょに覚えよう

AIアシスタント

インターネット経由で対話形式により動作するソフトウェアです。iOSやmacOS上で動くSiri、Android上で動くGoogleアシスタント、iOSやAndroidにも対応しているAmazonのAlexaなどがあります。音声の自動認識、AI技術による意味解析、その内容をもとにした検索などを行います。

■ウェアラブルデバイス

ウェアラブルデバイスは、人間が身に着けながら利用することを想定した機器です。腕時計型、リストバンド型、メガネ型などがあります。多くは、Wi-Fiなどの通信機能によりスマートフォンなどを経由してインターネットに接続します。歩数や心拍数などを計測する活動量計の機能を持つウェアラブルデバイスが多く、計測したデータはインターネット上の健康管理サイトなどに自動的にアップロードされ、利用者はその状態を確認することができます。

腕時計型のスマートウォッチは多機能なものが多く、活動量計の機能のほかに、スマートフォンの通知の表示、スマートフォンの一部アプリの利用などを行うことができます。スマートウォッチの代表的な製品として、アップル社のApple Watchがあげられます。

つながりクイズ

関係の深い項目を線でつなぎましょう

① パソコン・	・ア　タッチパネルにて操作を行う。
② タブレット・	・イ　身に着けて利用する。
③ ウェアラブルデバイス・	・ウ　文字入力はキーボードで行う。

2 情報機器選定のポイント

公式テキスト51～53ページ対応

スマートフォンやパソコンなど、ポイントを押さえて、自分の使い方に合った機種を選びます。選定のポイントとしては、CPUの性能、メモリの容量、記憶装置の容量、画面のサイズ、インターフェース、電池容量などがあげられます。

SAMPLE 例題1 メインメモリ以外の仕様がまったく同じパソコンにおいて、メインメモリの容量を増やす効果についての説明として**もっとも適当なもの**を、選択肢から選びなさい。

a メモリ増設をする前と比較して、同じ処理をした場合、電力消費が少なくなる。
b メモリ増設をする前と比較して、同じ処理をした場合、快適に作動するようになる。
c メモリ増設をする前と比較して、シャットダウン後も、より多くのデータを保存できるようになる。
d メモリ増設をする前と比較して、同じ処理をした場合、ハードディスクとメインメモリ間で、メモリスワップが起きやすくなる。

例題2 CPUの性能についての説明として**誤っているもの**を、選択肢から選びなさい。

a CPUの処理能力は、動作周波数だけで判断することはできない。
b CPUのメーカーが異なる場合は、CPUの動作周波数が同じであっても処理能力が同じであるとは限らない。
c 同じ種類のCPUであれば一般にコア数が多いほど処理能力が高い。
d CPUは1個の命令をどのくらいの時間で処理できるかによって､32ビット、64ビットなどの種類に分けられ、一般にビット数が多いほど処理能力が高い。

例題の解説

解答は61ページ

例題1　メインメモリ（メモリ）は、CPUが行う処理に必要なプログラムと処理対象のデータを一時的に記憶しておく記憶装置です。メモリが不足すると、すぐには使わないプログラムやデータを、ハードディスクなどに一時的に保存し、メモリに空きを作ります。このやり取りをメモリスワップといい、メモリスワップは処理速度が遅くなる要因となります。

a　全体の消費電力はパソコンの構成や利用方法によって異なり、メモリ増設が電力消費量に大きく影響するかどうかは一概にはいえません。本選択肢が正解としてもっとも適当とはいえません。

b　メモリを増設すると、CPUの処理に必要なプログラムとデータをより多くメモリに記憶しておくことができるので、ハードディスクとメモリ間のメモリスワップが発生しにくくなります。これにより、パソコンが快適に動作することが期待できます（正解）。

c　メモリに用いられるRAMという記憶素子には、電力が供給されている間だけ記憶内容を保持し、電力供給が途絶えると記憶内容は消えるという特徴があります。パソコンをシャットダウンするとメモリへの電力供給が途絶えて、記憶内容は消えてしまいます。シャットダウン後にデータを保持するのは、補助記憶装置です。シャットダウン後のデータ保存量を増やすには、補助記憶装置の増設や大容量のものへの置き換えが必要です。

d　選択肢**b**と逆のことが書かれています。メモリを増設するとメモリスワップが発生しにくくなり、快適に動作することが期待できます。

例題2　**a**　CPUの処理能力を決める要素には、コア数や動作周波数などがあります。他の性能が同一の場合、動作周波数が高いほうの処理能力が高いといえますが、動作周波数だけで処理能力を判断することはできません。

b　メーカーが異なればCPUの設計は異なります。選択肢**a**の解説で述べたように、動作周波数は必ずしも性能の指標とはなりません。

c　コア数が多いと同時に多くの処理を行うことができます。種類が異なるCPUの場合はコアの処理能力自体が異なるので数の違いで性能を比較することはできませんが、一般に、同じ種類のCPUであればコア数が多いほうの処理能力のほうが高くなります。

d　CPUのビット数は、一度に処理するデータの大きさのことです。32ビットCPUは一度に32ビットずつ処理し、64ビットCPUは一度に64ビットずつ処理します。一般にビット数が多いほど性能が高いといえます。選択肢では「どのくらいの時間で処理」とされていて、「時間」としているのが誤りです（正解）。

要点解説　2 情報機器選定のポイント

スペック

スマートフォンやパソコンの選定の際は、機能や性能などの仕様（スペック）を十分に検討します。基本的な性能の指標は、CPUの性能、記憶容量、画面表示、

つながりクイズ（57ページ）の答え：① ウ　② ア　③ イ

OSです。スマートフォンではとくに付加機能（テザリング、カメラ、GPS、モバイル決済機能など）を、パソコンでは記憶装置の種類、インターフェースの種類、光学ドライブを検討します。

一般に高機能、高性能を選ぶほど高価になります。

■CPU

CPU（Central Processing Unit：中央演算処理装置）の重要なスペックは、動作周波数、コア数、消費電力などです。動作周波数（クロック周波数）は、CPUの動作と周辺機器などの動作とを同期させるためのクロックという信号を1秒間に発生させる回数のことで、Hz（ヘルツ）という単位で表します。コアとは、CPUのさらに中枢のことで、実際に処理を行う部分です。同じ設計（同じメーカーの同じシリーズ）のCPUの場合は、動作周波数が高い（数値が大きい）ほど、コア数が多いほど、高性能です。なお、異なる設計（メーカーやシリーズが異なる）のCPUの場合は、動作周波数やコア数の違いで性能を比較することはできません。

CPUとは別に、画像処理に特化したGPU（Graphics Processing Unit）というプロセッサがあります。パソコンに高性能なGPUを搭載すると、ゲームや動画を精細かつ滑らかに表示することができます。

■メモリ

メインメモリ（単に**メモリ**ともいう）は、処理中のプログラムやデータを一時的に記憶しておく装置です。メモリの容量が多いほど、快適に動作します。

パソコンのメモリは、交換や増設により容量を多くできることがあります。スマートフォンやタブレットでは一般に、メモリ容量を増やすことはできません。

■記憶装置

記憶装置（ストレージ）は、電力が供給されなくても記憶内容を保持し、データの長期保存に適した装置です。容量が大きいとより多くのデータを保存することができます。

スマートフォンやタブレットにはフラッシュメモリという記憶素子が使われます。本体内蔵の記憶容量の不足は、クラウドサービスの利用で補うことができます。Android OS採用機器ではmicroSDカードの併用も可能です。

パソコンにはHDD（Hard Disk Drive：ハードディスク）またはSSD（Solid State Drive：ソリッドステートドライブ）が使われ、HDDよりSSDのほうが衝撃に強い、起動時間が短い、消費電力が低いといった長所がある一方でHDDより高価です。なお、SSDもフラッシュメモリを応用した製品です。

■画面サイズと解像度

スマートフォンの場合、画面サイズは大きいほど見やすいが、片手で操作しづらいといったデメリットがあります。また、解像度が高いと画像や映像がより鮮明に見えますが、消費電力が多く、バッテリーに負担がかかります（早くバッテリーが消費される）。

■光学ドライブ

パソコンの光学ドライブは、CD、DVD、ブルーレイディスクの読み出しや書き込みを行う装置です。必要に応じて装置の有無や種類を選びます。

■インターフェース

外部機器に接続するためのUSB、無線通信を行うWi-FiやBluetoothなど、インターフェースには多くの種類があります。備えるインターフェースにより何ができるか考慮します。

■バッテリー容量

外出しながら利用するスマートフォンの場合は、バッテリー容量の大きさについても検討が必要です。

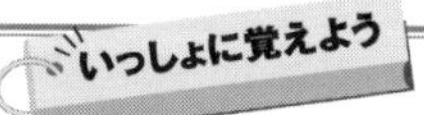

フラッシュメモリ

半導体メモリの一種で、電源を切ってもデータが保存され、軽量で読み書き速度が速いのが特徴です。小型の機器の記憶媒体、メモリカード、USBメモリなどに利用されています。

あなたのスマートフォンのスペック表を作ってみましょう

あなたのスマートフォンのスペックを調べてみましょう。チェックリストにわかったことを書き込んでください。

OSの種類	
CPUの種類や動作周波数(Hz)	
メモリ（RAM）の容量	
記憶容量（ストレージ）	
画面サイズ	
解像度	
有線インターフェースの種類	
無線インターフェースの種類	

▶58ページの解答　例題1　b　例題2　d

3 インターフェース

公式テキスト54～57ページ対応

インターフェースとは「つながり」、「接点」という意味で、異なる要素をつなぐ接合部分を表します。パソコンやスマートフォンを周辺機器と接続するために、さまざまなインターフェース規格が利用されています。

パソコンにキーボード、マウス、プリンタなどの周辺機器を接続することができるインターフェースを、選択肢から選びなさい。

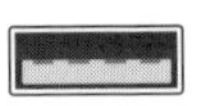

USB

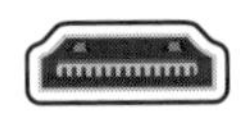

HDMI

DVI

光デジタル端子

- **a** USB
- **b** HDMI
- **c** DVI
- **d** 光デジタル端子

スマートフォンなどで、イヤホンなどの周辺機器を接続するために使用される近距離無線の規格として**適当なもの**を、選択肢から選びなさい。

- **a** LTE
- **b** Bluetooth
- **c** PHS
- **d** RFID

例題の解説

解答は65ページ

例題1 パソコンやスマートフォンを周辺機器に接続するために、各種のインターフェースが規格化されています。選択肢に示されたインターフェースは、有線接続のものです。

a USBは、キーボード、マウス、プリンタ、スキャナ、スピーカなどの周辺機器を接続するインターフェースで、多くの情報機器に採用されています（正解）。

b HDMIは、音声・映像の伝送用インターフェースで、テレビやビデオレコーダ、ゲーム機に搭載されているほか、パソコンとディスプレイの接続にも使われています。

c DVIは、映像用のインターフェースで、HDMIやDisplayPortなどの規格が登場する以前のパソコンとディスプレイの接続用規格として広く使用されていました。

d 光デジタル端子は、ケーブルに光ファイバを用いたオーディオ信号用のインターフェースです。オーディオ機器やテレビ、ゲーム機などに採用されています。

例題2 スマートフォンとイヤホン、パソコンとマウスなど、周辺機器を無線で接続するために、近距離無線規格が利用されています。

a LTEは、移動体通信ネットワークの通信方式の1つで、事業者の用意した基地局とユーザのスマートフォンなどを無線で接続します。高速かつ通信エリアの広さが特長です。

b Bluetoothは近距離無線の通信規格で、スマートフォン、タブレット、パソコンなど多くの機器で採用され、スマートフォンとイヤホンのほか、さまざまな機器同士の接続に使用されています（正解）。

c PHS（Personal Handyphone System）は、携帯電話と類似する移動体通信サービスの1つです。1つの基地局がカバーするエリアが携帯電話よりも狭く、半径500m程度です。日本でのサービス提供は縮小し、Y!mobileの一般ユーザ向けサービスが2021年1月31日にサービスを終了する予定です。

d RFIDは、ICタグと読み取り装置が非接触の近距離無線通信を行う技術のことです。商品の値札にICタグを貼り付け、商品の在庫管理やレジにおける精算に利用されるなど、実用例が増えています。Suicaなどの非接触型ICカードなどもRFIDの実用例の1つです。RFIDは、ICタグと読み取り機が情報をやり取りする仕組みなので、イヤホンなどの接続には使用されません。

要点解説 ❸ インターフェース

インターフェース

さまざまなもの同士の間を取り持つ**インターフェース**のうち、USB、Wi-FiやBluetoothのように機器と機器の間をつなぐために利用されるものはハードウェアインターフェースといいます。また、人がパソコンを操作する際の接点となる部分をユーザインターフェースといいます。画面に表示されるメニューやアイコンなど、入力に利用するキーボードやマウスなどが該当します。

有線のインターフェース

ケーブルを使用して機器を接続するインターフェースには、USB、HDMI、LANケーブルなどがあります。

■USB

USB（Universal Serial Bus）は、機器同士の接続に広く使われるインターフェースです。USB2.0、3.0などのバージョンがあり、数値が大きいほど高速な規格となっています（互換性は確保されている）。また、ホットスワップ（電源を切らずに周辺機器の接続・取り外しができる機能）に対応しています。

コネクタ形状には複数の種類があります。スマートフォンなどの小型機器用にはmicroUSBやType-Cが採用されています。なお、アップル社の製品には、USBと同様の働きをするLightningやThunderbolt 3などが採用されています。Thunderbolt 3のコネクタ形状はUSB Type-Cです。

■USBコネクタ

Type-A
コネクタ
ケーブル
（バッファロー社）

microUSB・Type-B
コネクタ
ケーブル
（バッファロー社）

Type-C
コネクタ
ケーブル
（バッファロー社）

■ HDMI

HDMI は映像・音声伝送用の接続規格で、パソコンのディスプレイを始め、テレビ、レコーダ、ゲーム機などのデジタル式の映像出力インターフェースとして使われています。なお、パソコンのディスプレイ接続用インターフェースには、VGA（アナログ）、DVI（デジタル）などもありますが、現在はHDMIが主流です（DVIの後継のDisplayPortも利用されている）。

■ HDMI

コネクタ

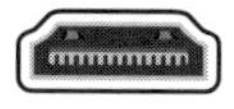

ケーブル

（バッファロー社）

コネクタの形状には、標準タイプ、小型機器用のミニHDMI端子、マイクロHDMI端子などがあります。

■ LANケーブル

LANというネットワークにおいて、機器同士を有線で接続するために用いられるケーブルを **LANケーブル** といいます。ケーブルの両端のコネクタ形状をRJ-45といいます。機器のLANポートに差し込みます。

■ RJ-45コネクタ

コネクタ

ケーブル

（バッファロー社）

いっしょに覚えよう

アナログ音声端子

ノートパソコンやスマートフォンの多くには、音声出力用にステレオミニジャックが用意されています。ヘッドホンやスピーカを接続して使用します。

無線のインターフェース

ケーブルを使わずに、無線で接続するインターフェースには、BluetoothやWi-Fiなどがあります。

■ Bluetooth

Bluetoothは、数メートル程度の近距離にある機器同士を無線で接続する通信規格として普及し、スマートフォン、タブレット、パソコンなど多くの機器で採用されています。Bluetoothは通信を行う機器同士が規格に対応していれば接続可能になるので、テザリングや、IoTデバイスの接続機能としても利用されています。到達距離が100メートルと長距離対応の規格もあり、バージョン5.0から、低消費電力モードの速度125kbpsで、到達距離が400メートルとなりました。

■ Wi-Fi

ケーブルを利用せずに無線でネットワークに接続する通信方式が**Wi-Fi**の名称で知られている**無線LAN**です。規格としてIEEE 802.11シリーズが普及しています。無線LANアクセスポイント（多くの無線LANルータに備わっている）と、無線LANアダプタ機能を備える機器を無線で接続します。

■ RFID

RFID（Radio Frequency IDentification）は、ICタグと読み取り装置が無線通信をしてデータの読み取りや書き込みを行う仕組みです。RFIDの仕組みは、商品に取り付けられたICタグをレジで読み取って精算する、小売店のセルフレジなどと呼ばれるシステムにも使われています。RFIDの例の1つが、FeliCaを使った交通系ICカードです。自動改札機や自動販売機に組み込まれた読み取り機、店舗レジの読み取り装置に近づけると、データの読み取りと書き込みが瞬時に行われます。

スマートフォンとパソコンの同期

一方の機器から他方の機器にデータを送ることを「転送」といい、転送により、複数の機器内のデータを同じ状態に保つことを「同期」といいます。スマートフォンとパソコンのように複数の機器を並行して利用しているときに、データを同期しておくと、どちらの機器を使用しても同じデータを利用することができます。

転送や同期を行う方法には、有線またはWi-FiによるLANを経由する方法、インターネット経由で送る方法、クラウドストレージを利用する方法、USBやBluetoothなどにより直接接続する方法があります。また、OSが同期のためのアプリや機能を提供していることもあり、アップル社製機器間の同期にはiTunesやFinder、AirDrop、Android機器とWindowsパソコン間の同期にはスマホ同期というアプリを利用することができます。

つながりクイズ

関係の深い項目を線でつなぎましょう。

① HDMI・	・ア 無線でイヤホンを接続する。
② USB・	・イ ディスプレイを接続する。
③ Bluetooth・	・ウ 有線で周辺機器を接続する。

4 入力機器

公式テキスト58～60ページ対応

スマートフォンやパソコンなどの情報機器は、指令や処理対象のデータを入力することによって動作します。入力のために利用する機器を入力機器といいます。

Windows PCで、キーボード入力した変換前の文字列を**半角英数字にすることができるファンクションキー**を、選択肢から選びなさい。

- **a** F7
- **b** F8
- **c** F9
- **d** F10

Windows PCを操作していて、**前の操作を取り消す際に使用するショートカットキー**を、選択肢から選びなさい。

- **a** Ctrl + W
- **b** Ctrl + X
- **c** Ctrl + Y
- **d** Ctrl + Z

例題3 Windows用のキーボードで、**日本語入力システムのオンとオフを切り替えるキー**を、選択肢から選びなさい。

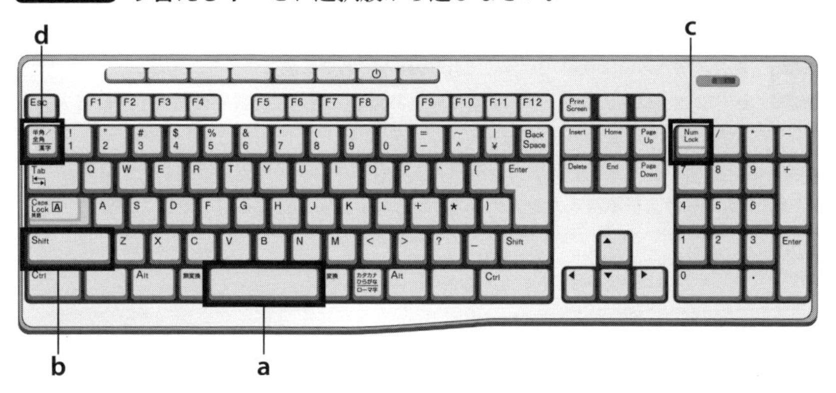

a スペースキー

b Shiftキー

c Num Lockキー

d 半角/全角キー

例題の解説

解答は71ページ

例題1 キーボードには、アルファベットやかな、数字を入力するキー以外に、特殊な用途に利用されるキー（特殊キーなどという）が備えられています。キーボードの最上段に並んでいるF1からF12のキーをファンクションキーといい、Windowsの日本語入力システムでは、ファンクションキーを変換に利用することができます。

a F7キーを押すと、全角カタカナに変換されます。

b F8キーを押すと、半角カタカナに変換されます。

c F9キーを押すと、全角英数字に変換されます。

d F10キーを押すと、半角英数字に変換されます（正解）。

例題2 キーボードの2つのキーを押すなど簡単な操作で手早く行うキー操作をショートカットキーといいます。選択肢の表現「Ctrl＋」はCtrlキーを押しながら、次に記述された英字キーを押す操作です。

a Ctrl ＋ Wは、現在のウィンドウを閉じる操作です。ウィンドウを閉じると同時にアプリケーションソフトを終了することもあります。

b Ctrl ＋ Xは、現在選択している範囲を切り取って、クリップボードに一時保存する「切り取り（カット）」操作です。クリップボードは、切り取り（カット）やコピーの操作を行った結果を一時的に保存するメモリの領域です。クリップボードに一時保存したデータは、貼り付け（ペースト）の操作でどこかに再現させることができます。

つながりクイズ（67ページ）の答え：① イ ② ウ ③ ア

c　Ctrl ＋ Yは、直前に行った操作を繰り返し実行する「繰り返し」操作です。

d　Ctrl ＋ Zは、直前の操作をキャンセルして、操作する前の状態に戻す「元に戻す」操作です。前の操作を取り消す際に使用します（正解）。

例題3　**a**　スペース（Space）キーは、空白の挿入や文字変換を行うキーです。

b　Shift（シフト）キーは、文字キーとあわせて使用し、英字の大文字や記号を入力するキーです。

c　Num Lockキーは、テンキーを使用した数字入力のオン／オフを切り替えるキーです。

d　半角/全角キーは、日本語入力システムのオンとオフを切り替えるキーです（正解）。

要点解説 4 入力機器

入力機器の種類

入力用の機器には、入力の操作を人間が手で行う、声で行う、動作で行うなどさまざまな種類があります。画像や映像、音声のデータを直接与えるものもあります。代表的な入力機器は次のとおりです。

■マウス、タッチパッド、タッチパネル

マウスは、画面上のポインタを移動・操作するための機器で、おもにパソコンで利用されます。**タッチパッド**は、平面上を指などで触れることで、マウスと同様の操作を行う入力機器です。ノートパソコンに備わっています。

タッチパネルは、ディスプレイとタッチパッドが一体となり、表示（出力）と入力の機能をあわせ持つ機器です。スマートフォンやタブレットに備わっています。

■キーボード

キーボードは､文字や数字を入力したり処理を指示したりするための機器です。ノートパソコンの本体部分、あるいは単体でUSBやBluetoothで接続して利用されます。キー配列は、JIS配列をベースにした「日本語109キーボード」が一般的です。

■スキャナ

スキャナは、文書やイラスト、写真などを光学的に読み取り、画像データとしてパソコンなどに取り込む機器です。個人向けの製品はプリンタ機能などと統合された複合機が主流です。

キーボードの操作

キーボードは、おもにパソコンで情報を入力するために使用します。文字や数字、記号を入力するためのキーのほかに、入力やパソコンの操作を行うための特殊キーが配列されています。なお、Windowsパソコン向けとMac向けとでキー配列は少し異なります。

■キーボードの特殊キーの機能

キー	機能
Esc（エスケープ）	操作を取り消す。
半角/全角	日本語入力システムのオン／オフを切り替える。
Tab（タブ）	タブ（あらかじめ設定した位置に文字やカーソルを移動する機能）を入力する。項目間を移動する。
Caps Lock（キャップスロック）	小文字と大文字の入力を切り替える。
Shift（シフト）	文字キーとあわせて使用して大文字や記号を入力する。
Ctrl（コントロール）、Alt（オルト）	他のキーと組み合わせてパソコンの操作を行う。たとえば、Ctrl + Alt + Delは、マウスの操作を受けつけないなどパソコンが動作しなくなった状態（ハングアップ）のときに、再起動などのために使用することができる。Macではcommand（コマンド）、option（オプション）が相当の働きをする。
Space（スペース）（何も書かれていないキー）	文字を変換する。空白文字を挿入する。
Enter（エンター）	改行や変換結果を確定する。メニュー項目を選択する。
Back Space（バックスペース）	カーソル（操作位置を示すマーク）の直前（左側）の文字を削除する。
Del、Delete（デリート）	カーソルの直後（右側）の文字を削除する。
Num Lock（ナムロック）	テンキーによる数字入力のオン／オフを切り替える。
ファンクションキー	F1からF12まであり、それぞれ割り振られた機能を行う。

▶68、69ページの解答　例題1　d　例題2　d　例題3　d

■ショートカットキー

ショートカットキーは、マウスを使わずにキーボードだけで操作を行う機能です。複数のキーを組み合わせて操作します。ショートカットキーは「Ctrl＋C」のように表記されます。これは「Ctrlキーを押しながらCキーを押す」という意味です。

■ショートカットキーの操作

ショートカットキー	操作
Ctrl＋C	コピー
Ctrl＋V	貼り付け（ペースト）
Ctrl＋X	切り取り（カット）
Ctrl＋S	保存（セーブ）
Ctrl＋A	すべてを選択
Ctrl＋Z	元に戻す（直前の操作を取り消し）
Ctrl＋W	（ウィンドウやアプリケーションを）閉じる

■ファンクションキーによる変換

文字入力の際、変換を素早く行うために、ファンクションキーを使用する方法があります。

■ファンクションキーによる変換

ファンクションキー	変換後の文字種
F6	ひらがな
F7	全角カタカナ
F8	半角カタカナ
F9	全角英数字
F10	半角英数字

つながりクイズ

関係の深い項目を線でつなぎましょう。

① Ctrl + Z・	・ア　文字列を半角英数字に変換
② F10キー・	・イ　コンピュータの再起動
③ Ctrl + Alt + Del・	・ウ　前の操作の取り消し

5 出力機器

公式テキスト60～62ページ対応

コンピュータを利用するためには動作状態や処理結果を確認するための機器が必要です。これを出力機器といいます。出力機器には、ディスプレイやプリンタなどがあります。

ディスプレイ（モニタ）の説明として**誤っているもの**を、選択肢から選びなさい。

a　ディスプレイのサイズは、横の長さをインチという単位で表す。
b　XGAやフルHDなど、表示画素数によってさまざまな画面モードがある。
c　表示する画素数が多いほど表示できる情報量は多い。
d　画素数以外にも、視野角や輝度などが選択の基準となる。

インクジェット方式のプリンタの説明として**適当なもの**を、選択肢から選びなさい。

a　レーザで文字や画像を印刷用のドラムに照射し、それを熱と圧力で紙に転写して印刷を行う。
b　固形インクを薄く塗布したインクリボンに熱した印字ヘッドを押しつけ、インクを溶かして紙に転写することで印刷を行う。
c　細かいインク粒子を紙に吹きつけることで印刷を行う。
d　平面の台に紙を固定し、ボールペンやロットリングのようなインクペンを縦横に走査して図形を描画する。

例題3

画面モードがフルHDの画素数を、選択肢から選びなさい。

a　1024 × 768
b　1920 × 1080
c　3840 × 2160
d　7680 × 4320

例題の解説

解答は75ページ

例題1 パソコンなどが出力する映像信号を表示する機器をディスプレイといいます。文字情報のほか、静止画や動画を表示することができます。

a ディスプレイのサイズは、横の長さではなく対角線の長さをインチで表します(正解)。17型なら、対角線の長さが17インチ（約43センチメートル）ということです。

b 画素とは、画像などを構成する最小単位で、ピクセルともいいます。ディスプレイの表示画素数は、四角形の画面内に表示される画素の数のことで、横方向の数と縦方向の数を乗じた形式で表します。モードとは「様式」といったような意味で、ディスプレイの画面モードとは横×縦の表示画素数でよく使われるものに名前を付けたものです。XGA（eXtended Graphics Array）は1024×768ピクセルを表示、フルHD（Full High Definition、フルハイビジョンともいう）は1920×1080ピクセルを表示します。

c 正しい説明です。たとえば、写真を表示する場合、ディスプレイに表示する画素数が多いほうが、より高精細となり、細部も鮮明に表示でき、それだけ情報量も多くなります。

d 視野角は画面を見ることができる斜め方向の角度、輝度は画面の明るさで、これらの項目はディスプレイ選択の基準となります。このほかに、応答速度（画面の色の変化に要する時間）、コントラスト比（明暗の比率）といった項目もディスプレイ選択の基準となります。

例題2 プリンタは、文書や画像などを紙に印刷する機器です。プリンタの印刷方式には、インクジェット、レーザが広く用いられています。

a レーザプリンタの印刷原理です。感光体(印刷用のドラム)に文字や画像の印刷イメージをレーザ光で照射して静電気を発生させ、静電気に吸着したトナーを印刷用紙に転写し、さらに熱で定着させます。

b 熱転写プリンタの印刷原理です。インクを塗布したインクリボンを印刷用紙に重ね、熱した印字ヘッドでインクを溶かして印刷イメージを転写します。現在では、熱転写型の一種である昇華型が写真のプリントなどに採用されています。

c インクジェットプリンタの原理です。微細なインクの粒子を印刷用紙に吹きつけて印刷イメージを形成します（正解）。

d 特別な用途に使われるプリンタの一種であるプロッタの原理です。固定した用紙の上をペンが縦横に動いて印刷イメージを形成します。製図などに用いられます。

例題3 多くのパソコン用ディスプレイでは、表示画素数（横の画素数×縦の画素数で表す）が異なる、いくつかの画面モードが表示できるようになっています。よく利用される画面モードにはXGAやフルHDなどの名前が付いています。

a 1024×768は、XGAの表示画素数です。

b 1920×1080は、フルHDの表示画素数です（正解）。

c 3840×2160は、フルHDの4倍の画素数を持つ、4Kの表示画素数です。

d 7680×4320は、4Kの4倍の画素数を持つ、8Kの表示画素数です。

要点解説 5 出力機器

ディスプレイ

ディスプレイは、情報機器から出力される映像信号を受けて、静止画や動画を表示します。機器の動作状態を確認するためにも用いられることからモニタとも呼ばれます。現在のディスプレイの主流は、液晶パネルを採用した液晶ディスプレイです。

■ディスプレイの性能

ディスプレイの仕様や性能を示す項目（スペック）には、画面のサイズ、表示画素数などがあります。

画面のサイズは対角線の長さで表します。単位はインチ（1インチは2.54cm）です。

■画面のサイズ

15.6インチ
画面のサイズは対角線の長さ（単位はインチ）で表す。

ディスプレイでは、画像や文字を点の集まりで表現します。画像や文字を構成する最小単位（点）のことを**画素**または**ピクセル**といいます。似た言葉にドットという言葉があり、プリンタやスキャナなどでも使用される単位です。ピクセルが色情報を含むのに対し、ドットは色情報を含みません。

紙面や画面上の画像を構成する画素数を解像度といい、一般にdpi（dots per inch）またはppi（pixels per inch）で表しています（いずれも1インチあたりの画素数）。ディスプレイの解像度の場合は、通常、横の画素数×縦の画素数という形で表しています。ディスプレイの表示画素数は、いくつかの画面モードが規格化されています。

つながりクイズ（72ページ）の答え：① ウ ② ア ③ イ

▶73ページの解答 例題1 a 例題2 c 例題3 b

■よく使われる画面モードと画素数

名称	画素数（横×縦）
XGA	1024×768
FWXGA	1366×768
WXGA+	1440×900
フルHD	1920×1080
WQHD	2560×1440
4K	3840×2160
8K	7680×4320

表示画素数の数値が大きいほど、1画面に表示できる情報量が増えます。たとえば画像の場合はよりきめ細やかで、細部をより正確に表現することができます。また、同サイズのディスプレイの表示画素数が異なる場合、画素数が大きいほど画像は小さく表示されます。

■同サイズの画面で表示画素数が異なる場合の画像の見え方

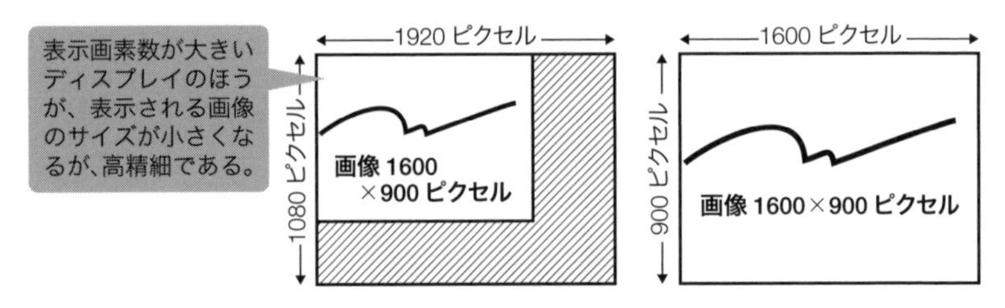

画面サイズや表示画素数のほかに、ディスプレイの性能は次のような項目で評価されます。

・視野角（斜め横から見たときに正常に見える角度）
・応答速度（表示の更新の速さ、速いほど激しい動きに対応して残像が残らないで表示される）
・最大輝度（画面の明るさ、単位は cd/m^2：カンデラ／平方メートル）
・コントラスト比（明暗の明るさの対比、高いほどメリハリがある）

その他の出力機器

ディスプレイのほかに、出力機器としてプリンタやスピーカがよく利用されています。

■プリンタ

プリンタは、文字や画像などのデータを紙などに印刷するための機器です。印刷機構にはいくつかの種類があり、インクジェット方式とレーザ方式が広く利用されています。

インクジェット方式は、細かいインクを紙に吹きつける印刷方式で、個人向け製品ではこちらが主流です。レーザ方式は、レーザ光で文字や画像を印刷用のドラムに照射し、それを熱と圧力で紙に転写する印刷方式です。ビジネスユースではこちらが主流です。

■スピーカ

スピーカは、音声を外部出力するための機器です。接続にはアナログ音声端子（ステレオミニ）やBluetoothを利用します。

つながりクイズ

画面モードと画素数の組み合わせが正しくなるように線でつなぎましょう。

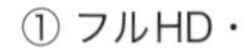

① フルHD・	・ア　1920×1080
② 4K・	・イ　3840×2160
③ 8K・	・ウ　7680×4320

6 デジタルデータ、記憶装置と記録メディア

公式テキスト63～67ページ対応

コンピュータでは、文字、写真や絵、音声、映像などの情報を、数値に置き換えたデジタルデータで処理します。デジタルデータは、記録メディアに保存されます。

光学メディア（BD・DVD）に関する説明として、**正しいものを1つ**選びなさい。

a　片面1層の「BD-R」1枚には、「DVD-ROM」約10枚分のデータを書き込める。
b　両面2層の「DVD-ROM」は、「BD-ROM」と同じ容量を持つ。
c　「DVD-ROM」の「ROM」の意味は、データの書き込みが可能という意味である。
d　「BD-RE」は、データの書き換えが可能である。

約700MBのデータの記録が可能なCD-Rに、講義動画（2回分）を記録した。講義の回によってデータの大きさには差がなく、記録したCD-Rに空きがほとんどなかった場合、片面1層のDVD-Rには、最大でおよそ何回分が記録できるか。**もっとも近いと思われるもの**を、選択肢から選びなさい。なお、計算の都合上、DVD-Rへの書き込みにあたって講義そのもののデータ以外は考慮しないこととする。

a　5回分
b　8回分
c　13回分
d　15回分

例題3

任意のデータを一度だけ書き込める記録メディアを、選択肢から選びなさい。

a　CD-ROM
b　DVD-RW
c　DVD-RAM
d　BD-R

例題の解説

解答は81ページ

例題1　BD（ブルーレイディスク）やDVDなどの記録メディアを光学メディアや光ディスクといいます。BDの記憶容量は片面1層の規格で約25GB、DVDの記憶容量は片面1層の規格で約4.7GBです。書き込み・書き換えの可・不可により、書き込み不可（BD-ROM、DVD-ROM）、1回書き込み可（BD-R、DVD-Rなど）、書き換え可（BD-RE、DVD-RWなど）の3タイプがあります。

a　上記のように、片面1層のBD-R（約25GB）はDVD-ROM（約4.7GB）の約5倍の記憶容量を持ちます。

b　両面2層のDVD-ROMの記憶容量は約9.4GBです。BD-ROMは片面1層で約25GB、片面2層で約50GBです。BD-ROMはDVD-ROMより記憶容量が大きいです。

c　DVD-ROMのROMはRead Only Memory（読むだけの記憶装置）の意味で、データの書き込みはできません。

d　BD-REのREは書き換え可能（REwritable）の意味で、データの書き換えが可能です（正解）。

例題2　問題には、2回分の講義動画を1枚のCD-Rにほぼ余白なく記録していると示されています。CD-Rの記憶容量が約700MBとあるので、1回分の講義動画のデータの大きさは約350MBということになります。

片面1層のDVD-Rの記憶容量は、約4.7GBです。1GBを1,000MBとして計算すると、

4,700MB÷350MB≒13.4

となり、13回分の講義動画が記録できます（**c**が正解）。

例題3　データの書き込みが可能な光学メディアの名前には、R（Recordable〈記録できる〉の頭文字）、RW（ReWritable〈書き換え可能〉の略）、RAM（Random Access Memory〈任意の順序でアクセスできる→読み書き可能〉の意）などの文字が付いています。

選択肢のうち、任意のデータを一度だけ書き込めるのは、BD-Rです（**d**が正解）。

つながりクイズ（77ページ）の答え：① ア ② イ ③ ウ

要点解説 6 デジタルデータ、記憶装置と記録メディア

デジタルデータ

人間が話す、手で書くといった行為により生み出されるような画像、音声、映像などの情報を**アナログデータ**（analog data）といいます。アナログデータは切れ目なく変化する「連続的」な状態の情報です。一方で、コンピュータは、連続的な状態を数値化して連続性のない状態にして情報を扱います。これらの情報を**デジタルデータ**（digital data）といいます。アナログデータをコンピュータで扱えるようにデジタルデータに変換することを**デジタル化**または**A/D変換**といいます（逆は**アナログ化**または**D/A変換**という）。

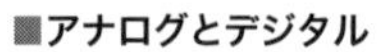
■アナログとデジタル

アナログ時計は針が連続的に動いて時刻を表し、デジタルは数字で時刻を表す。

■画像のデジタル化

画像のデジタル化では、画像をマス目状に区切り、マス目ごとの色を**RGB**（Red, Green, Blue：赤・緑・青）に分解します。RGB各色の明るさは数値で表し、たとえばrgb（159, 160, 161）のように記述します。このように画像を区切ってデジタル化した1マスが画素（ピクセル）です。区切るサイズを小さくしてマス目の数を多くしたり、RGB各色の明るさの段階を細かくしたりすると、より高精細なデータが得られます。

■画像のデジタル化

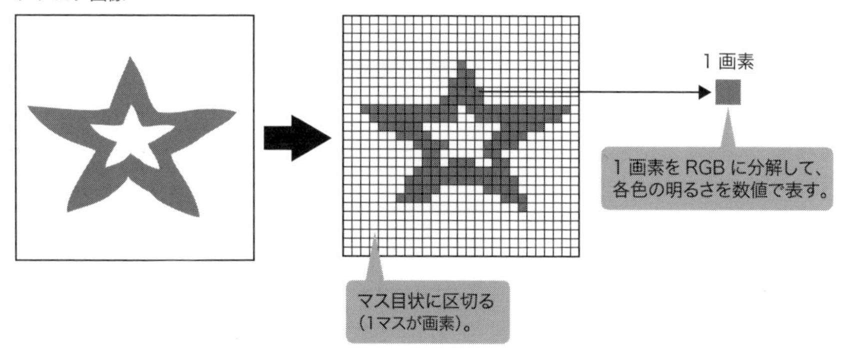
アナログ画像
1画素
1画素をRGBに分解して、
各色の明るさを数値で表す。
マス目状に区切る
（1マスが画素）。

■音声のデジタル化

音声のデジタル化では、音の信号を短い時間で区切って、区切ったそれぞれの区間の信号をあらかじめ決めた振幅の目盛りに当てはめて数値で表します。区間の数（サンプリング周波数という）を増やしたり、振幅の目盛りの間隔を細かくしたりすると、元の音声に近いデータが得られます。

■音声のデジタル化

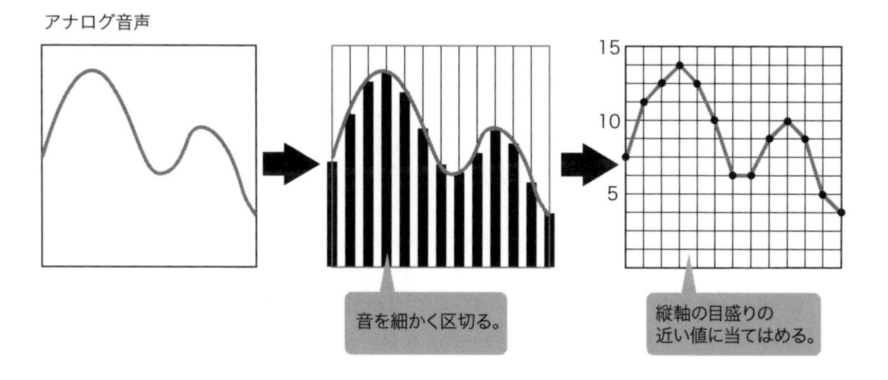
アナログ音声
15
10
5
音を細かく区切る。
縦軸の目盛りの
近い値に当てはめる。

▶78ページの解答　例題1　d　例題2　c　例題3　d

デジタルデータのサイズ

コンピュータで扱うデータの量は、**ビット**という単位で表します。ビットとは2進法の1桁の数値で、**2進法**は数値を0と1の2つの数字だけで表す記法です。ビット数が増えると表現できる情報の量が、2^1、2^2、2^3、2^4…のように2のべき乗数で増えていきます。

■ビットで表現できる情報の量

ビット数	表現できる情報の量
1	0～1の2（2^1）通り
2	00～11の4（2^2）通り
3	000～111の8（2^3）通り
4	0000～1111の16（2^4）通り
⋮	⋮
8	00000000～11111111の256（2^8）通り

コンピュータ関連では、**バイト**という単位も用います（大文字のBがバイトを表す記号）。英字の大文字と小文字、数字、記号を表現するのに十分なサイズとして8ビットを1バイトとしています。

大きな数を表す場合は補助単位を使用します。k（キロ）＝1,000、M（メガ）＝1,000k、G（ギガ）＝1,000M、T（テラ）＝1,000Gなどです。なお、コンピュータ関連のデータサイズを表す場合は、2のべき乗数の1,024B＝1KB（Kは大文字）、1,024KB＝1MB、1,024MB＝1GB、1,024GB＝1TBがよく使われます。

10進法、2進法、16進法

10進法は、0～9までの10種類の数字で数を表現する記法です。日常的に無意識に使っている数え方で、0、1、2、3、……、9と増えて次の10で1桁増えます（桁上がりという）。

コンピュータで使用される2進法は、0と1の2種類の数字で数値を表現します。0、1、10、11、100、101、110、111、……のように増えます（順に10進法の0、1、2、3、4、5、6、7、……に対応）。

コンピュータ関連では、16進法を利用することもあります。16進法は、0、1、……、9、A、B、C、D、E、Fと、アルファベットも含めた16個の数字を使います。Aは10進法の10、Bは10進法の11、……、Fは10進法の15です。

記録メディアの種類と特徴

保存しておきたいデジタルデータは**記録メディア**に記録します。記録メディアにはさまざまな種類があります。記録メディアにデジタルデータを記録する際は、データをファイルという単位で取り扱います。記録メディアと読み書きのための装置で構成される、HDDやSSDなどは**記憶装置**といいます。

■ HDD

HDD（Hard Disk Drive：ハードディスクドライブ）は、磁気ディスクと駆動装置が一体になった製品で、記憶容量は数百GB～数TBと大きく、高速にデータの読み出し・書き込みができます。一般にハードディスクとも呼ばれます。パソコンに内蔵されており、そのほかUSBなどで接続する外付け型もあります。データの保存のため、また、パソコンのバックアップやテレビ番組の録画などに利用されます。

■ SSD

SSD（Solid State Drive：ソリッドステートドライブ）は、HDDの磁気ディスクの代わりにフラッシュメモリを利用する記憶装置です。SSDの特徴は、HDDよりも読み出し・書き込みが高速で、消費電力も低く、外部からの衝撃に強いことです。ただし、記憶容量あたりの単価はHDDより高価です。インターフェースがHDDと同じなので、置き換えて使用できます。最近は、HDDの代わりにSSDを搭載したパソコンが増えています。

■ CD、DVD、ブルーレイディスク

いずれもレーザ光を利用して読み書きを行う光学メディアです。CD＜DVD＜ブルーレイディスクの順で1枚当たりの記憶容量が多くなります。

それぞれ複数の規格があり、大きく読み出し専用、書き込みが1回だけ可能、繰り返し書き換えが可能（1,000回程度）なものに分類することができます。

規格名の後の文字列によって、製品の種類を見分けることができます。

- ・-ROM：読み取り専用（書き込み不可）
- ・-R、+R：書き込み可（1回だけ書き込める）
- ・-RW、+RW、-RE：書き込み可（繰り返し書き込める）
- ・DL：記録層が2層
- ・XL：記録層が3層または4層

■光学メディアの種類

種類	規格	記憶容量
CD	CD-ROM、CD-R、CD-RW	約700MB。
DVD	DVD-ROM、DVD-R、DVD+R、DVD-R DL、DVD+R DL、DVD-RW、DVD+RW、DVD-RAM	約4.7GB～約17GB（片面1層は約4.7GB、両面1層は約9.4GB）
ブルーレイディスク	BD-ROM、BD-R、BD-R DL、BD-RE、BD-RE DL、BD-RE XL	25GB～100GB（片面1層は約25GB、片面2層は約50GB）

■ **USBメモリ、メモリカード**

半導体を利用した**フラッシュメモリ**は、軽量、読み書き速度が速い、電源を切っても内容が保存されることから、さまざまな形態の製品に利用されています。フラッシュメモリを応用した製品がUSBメモリやメモリカードです。

USBメモリは、小型でデータの持ち運びに適した製品で、パソコンなどのUSBポートに接続して利用します。記憶容量は64MB～2TB程度です。

メモリカードは、フラッシュメモリを薄型で小型のカードに収めた製品で、SDカードが代表的です。SDカードを小型化したmicroSDカードは、スマートフォンなどで抜き差し可能な記録メディアとして多く利用されます。規格上の記憶容量は最大2GB、上位規格では32GB、2TBなど大容量となっており、上位規格のSDXCカードで1TBの製品が市販されています。

つながりクイズ

光学メディアの種類と記憶容量の組み合わせが正しくなるように線でつなぎましょう。

① CD-R・　　・ア 約25GB
② 片面1層のDVD-ROM・　　・イ 約700MB
③ 片面1層のBD・　　・ウ 約4.7GB

7 OS

公式テキスト68～72ページ対応

ハードウェアとしてのコンピュータは、ソフトウェアが導入されてはじめて動作します。ソフトウェアの1つがOSです。OSは基本のソフトウェアとしてハードウェア全体の動きを制御します。

オペレーティングシステム（OS）の説明として**適当なもの**を、選択肢から選びなさい。

a　文書の作成や表計算などを実施するソフトウェア
b　電子メールの作成や送受信、受信したメールの保存や管理をするソフトウェア
c　アプリケーションソフトウェアやキーボード、プリンタなどを管理し、コンピュータを動作させるために必要なソフトウェア
d　コンピュータウイルスの検出のためのソフトウェア

Androidのアプリケーションを提供している**Google社の配信サービス**を、選択肢から選びなさい。

a　Google+
b　Playストア
c　App Store
d　dマーケット

例題の解説

解答は87ページ

例題1 OSは、コンピュータのハードウェア全体の動作を制御し、さまざまなアプリケーションソフトが稼働するために必要とする共通的な機能を提供します。

a 文書の作成や表計算などを実施するソフトウェアは、アプリケーションソフトの一種です。

b 電子メールの作成、送受信、保存、管理を行うソフトウェアをメールソフトといい、メールソフトはアプリケーションソフトの一種です。

c OSの説明として適当です（正解）。OSは、アプリケーションソフトの要求に応じてキーボード、プリンタなどの周辺機器に動作指示を出すなど、コンピュータを正常に動作させるために全体の動きを制御します。

d コンピュータウイルスを検出するセキュリティ対策ソフトは、アプリケーションソフトの一種です。

例題2 Androidは、スマートフォンやタブレット型情報機器で利用されるOSです。Android用のアプリケーションソフト（アプリと略称される）の多くは、グーグル社(Google）が運営するマーケットで入手することができます。

a Google+は、グーグル社が提供していたSNS（ソーシャルネットワーキングサービス）です。2019年4月に個人向けサービスを終了しました。

b Google Playストアは、グーグル社が運営する、アプリを始め、音楽、動画、書籍などのデジタルコンテンツを、有償または無償で配布するサービスです。Android OS向けのものが配布されています（正解）。

c App Storeは、アップル社が運営する、アプリを有償または無償で配信するサービスです。iPhone（スマートフォン）、iPad（タブレット型情報機器）などのアップル社製モバイル機器向けのものが配布されています。

d dマーケットは、NTTドコモが運営する、アプリ、音楽、動画、書籍、ショッピング、旅行などさまざまなコンテンツを提供するサービスです。NTTドコモの契約がなくても利用することができます。提供されるサービスには有償のものと無償のものがあります。

要点解説 7 OS

OSの基本

パソコンやスマートフォンを含むコンピュータ本体、ディスプレイ、キーボード、プリンタなどの機械装置を**ハードウェア**といい、ハードウェアを動かすプログラムを**ソフトウェア**（ソフトと略されることもある）といいます。ソフトウェアには大きく分けて**OS**（Operating System、オペレーティングシステム）とアプリケーションソフトがあります。このうちOSは、コンピュータの基本の動作を制御し、具体的な目的に応じて動作するアプリケーションソフトの実行環境を整える働きを行います。

■OSの役割

OSは、

ユーザ⟶アプリケーションソフト⟶OS⟶ハードウェア

という階層構造でユーザの意図をハードウェアに伝え、また反対方向にハードウェアの処理結果をユーザに伝えます。具体的には、次のような働きをします。

・動作状況をディスプレイに表示する。
・キーボードやマウスからの操作指令を受けつける。
・操作指令をアプリケーションソフトに伝えて処理を依頼する。
・アプリケーションソフトが処理した結果をディスプレイに表示する。
・印刷などの指令があればそれを担当する機器に伝える。
・記録メディアのフォーマット（初期化）を行う。

OSの種類

OSは、機器の種類ごとに異なるものが利用され、通常は機器購入時にあらかじめ組み込まれています。パソコン用にはWindowsとmacOSが一般的ですが、Linuxというオープンソースのの OSが用いられることもあります。スマートフォン、タブレット用には、タッチパネルによる操作を前提としたユーザインターフェースを備え、アプリケーションソフト（アプリ）の追加が容易なOSが利用されて

つながりクイズ（84ページ）の答え：① イ　② ウ　③ ア

▶85ページの解答　例題1　c　例題2　b

います。AndroidやiOS、iPadOSが一般的です。

各OSでは、ユーザごとの使いやすさに合わせて、ユーザインターフェースなどの各種設定をカスタマイズできるようになっています。また、OSは機能を高めるために常に改良が進められ、次々と新しいバージョンが登場しています。Windowsでいうと、Windows 10の10がバージョンを表します。なお、アプリケーションソフトは、利用するOSに対応するものを利用する必要があり（バージョンも含む）、たとえばmacOS向けのソフトをWindows 10の機器では利用することはできません。

オープンソース
プログラムの設計図に相当するソースコードを公開し、誰でも自由に扱ってよいとする考え方や、こうした考え方に基づいて公開されているソフトウェアのことです。

■ Windows

Windowsは、マイクロソフト社が開発したパソコン向けOSのシリーズ名です。最新バージョンはWindows 10（2020年9月時点）で、一般ユーザ向けに標準的な機能を備えるHome版のほか、ビジネスユーザ向けのPro版などいくつかのエディション（版）が発売されています。Windows Updateという機能により自動的にアップデート（更新）を行うことができます。

■ macOS

macOSは、アップル社が販売するパソコン（通称Mac）に採用されているOSで、最新バージョンはmacOS Catalina（2020年9月現在）です。macOS上で利用できるアプリケーションソフトは、アップル社のApp Storeでダウンロードして入手します。

なお、Mac上でWindows OSをインストールして利用するために、macOSにはBoot Campというソフトウェアが用意されています。

■ Android

Androidは、グーグル社が開発・提供するオープンソースのOSです。おもにスマートフォンのOSとして活用されていますが、タブレットや一部のパソコンなど、スマートフォン以外の機器にも採用されています。

Android用アプリは、グーグル社が運営するGoogle Playストアのほか、第三者が運営するマーケットなどから入手します。配信マーケットが限定されず入手がしやすい反面、セキュリティ上の危険が生じる可能性も高くなっています。

■iOS、iPadOS

iOSはアップル社が販売するスマートフォンiPhoneに、**iPadOS**は同じくタブレットiPadに採用されているOSです。macOSと共通の操作感覚を持つので、スマートフォンとパソコンの両者を利用する人には利点となります。

iOS用のアプリは、アップル社が運営するApp Storeで一元的に販売・配布されています。

いっしょに覚えよう

パソコンの64ビット版、32ビット版

パソコンには、一度に処理できる情報の量の違いで64ビット版、32ビット版の2種類があります。前者のほうが高性能です。アプリケーションソフトに64ビット対応版、32ビット対応版がある場合、64ビットパソコンはどちらも稼働させることができますが、32ビットパソコンでは32ビット対応版しか稼働させることができません。なお、周辺機器を動かすためのデバイスドライバは、32ビット対応版を64ビットパソコンで使用することはできません。

つながりクイズ

関係の深い項目を線でつなぎましょう。

① パソコン用OS・	・ア iOS
② スマートフォン用OS・	・イ Windows 10
③ アプリ配信マーケット・	・ウ Play ストア

8 OSの機能

公式テキスト72～75ページ対応

ユーザがパソコンやスマートフォンなどの機能を活用できるように、OSはさまざまな機能を用意しています。アップデートはOSを常に最新の状態に保つ機能、バックアップは記録メディアの故障などに備える機能です。

パソコンに周辺機器を接続したときに、オペレーティングシステム（OS）が機器を正しく管理し、動作させるために機器ごとに必要となる**ソフトウェアを何というか**、選択肢から選びなさい。

- **a** BIOS
- **b** デバイスドライバ
- **c** UNIX
- **d** レジストリ

例題2 OSに関する以下の説明に**当てはまる用語**を、選択肢から選びなさい。

「OSに機能的な不備やセキュリティ上の問題が見つかった場合などに、これを修正するための差分データや新バージョンが開発元から提供され、適用することで最新の状態に更新する。OSには、更新の必要性を自動調査する機能が備わっており、その情報が表示されたらユーザが指示に従って適用を完了する。」

- **a** アンインストール
- **b** バックアップ
- **c** アップデート
- **d** ウイルス除去

例題の解説

解答は93ページ

例題1　パソコン本体に内蔵されたハードウェア機器や接続された周辺機器は、OSがその動作を管理します。機器ごとに管理のためのソフトウェアが必要となり、これらのソフトウェアはあらかじめOSに用意されているか、用意されていない場合はあとからインストールします。

a　BIOSはBasic Input/Output Systemの略で、名前のとおり基本的な入力と出力を行うプログラムです。パソコンの電源を入れると、BIOSはハードウェアのチェックをして、OSを起動します。

b　デバイスドライバは、OSが周辺機器を正しく管理し、動作させるためのソフトウェアです（正解）。

c　UNIXは、OSの一種で幅広く使われています。

d　レジストリは、Windows OSにおいて、OSに関する情報やアプリケーションソフトの設定など、さまざまな設定情報が集められたデータベースです。

例題2　本例題では、説明文中の「最新の状態に更新する」という記述に注目します。

a　アンインストールは、インストールされているソフトウェアを削除することです。

b　バックアップは、記録されているデータやプログラムを別の媒体に複製すること、または複製したデータのことです。バックアップによって、コンピュータが故障したとき、データを誤って削除してしまったときなど、万一の場合に備えることができます。

c　問題の説明に当てはまる用語はアップデートです（正解）。アップデートは、OSに限らず、ソフトウェア全般に提供されています。

d　ウイルス除去とは、パソコンに侵入したウイルス（データの破壊・改ざん・漏えい、コンピュータの乗っ取りなどを行う不正プログラムのことでマルウェアともいう）を削除することです。ウイルス除去には、専用のソフトウェアが必要です。

要点解説 8 OSの機能

バックアップと復元

スマートフォンやパソコンは、故障や操作ミスなどが原因で記憶しておいたデータが失われることがあります。

バックアップは、データが失われることに備えて、データを別の媒体に保存しておくこと、また保存したデータを指します。OSにもバックアップ機能が用意されています。なお、バックアップデータを使用して元のデータを復元することをリストアまたはリカバリといいます。

Windows 10のバックアップ機能は「ファイル履歴」、macOSは「Time Machine」です。決められたスケジュールで自動的にバックアップを行い、新し

つながりクイズ（89ページ）の答え：① イ　② ア　③ ウ

いバックアップはそれまでのバックアップとは別に作成されるので、過去の特定時点で作成したバックアップデータのリストアも可能です。Android、iOS、iPadOSには、クラウドにバックアップする機能があり、AndroidはGoogleドライブ、iOS、iPadOSはiCloudにバックアップします。

アップデート

ソフトウェアの不具合を正したり、機能を高めたり、セキュリティを強化したりするために、ソフトウェアの開発元から追加のプログラム（差分データやパッチという）や改訂版が提供されることがあります。こうしたプログラムをインストール済みのソフトに適用することを**アップデート**（更新）といいます。OSにおいても、不具合の修正や改良、セキュリティ上の問題点への対応は継続的に行われ、アップデートが提供されます。通常は、アップデートの提供があると通知され、指示に従って必要な操作をするだけでアップデートが適用されます。

OSは一定のサポート期間を定めており、サポートが終了するとアップデートが提供されなくなります。

デバイスドライバ

デバイスドライバは、特定の周辺機器を制御する機能をOSに提供するソフトウェアです。一般的な周辺機器のデバイスドライバはあらかじめOSに用意されています。特別な用途の周辺機器などの場合は追加インストールします。

日本語入力と文字コード

日本語入力は、キーボードなどから入力された文字列を日本語入力システムというソフトウェアが漢字かなまじり文に変換し、これをOSが受け取り、アプリケーションソフトに渡します。

■文字コード

情報を数値で処理するコンピュータでは、英数字や記号、日本語などの文字に固有の番号を割り当てています。1つ1つの文字にどのような番号を割り当てるか定めたものが**文字コード**です。文字コードには複数の種類があり、種類ごとに文字と割り当てられた番号の対応が異なります。たとえば7ビットで英数字や記号の1文字を表すASCIIという文字コードでは英字の「A」に2進法の「1000001」(10進法では「65」、16進法では「41」）を割り当てています。

日本語は文字の種類が多いので、1文字を2バイト（16ビット）で表すJISコード、

Shift_JISコード、EUCなどの文字コードが使われます。インターネットでは、世界中の言語を共通の文字集合で表現する**Unicode**がよく使われます。

■文字化け

コンピュータは文字コードを利用して文字を表示しようとしますが、このときに意図したものとは異なる文字コードで処理してしまうと、正しい文字が表示されない文字化けという現象が起こります。

■文字化けの例

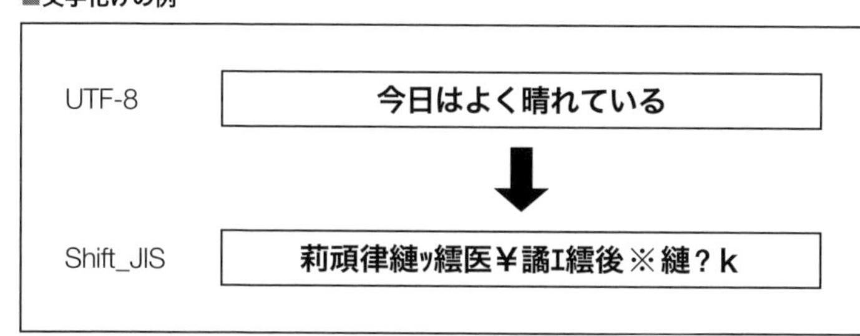

つながりクイズ

関係の深い項目を線でつなぎましょう。

① バックアップ・　　　・ア 更新
② アップデート・　　　・イ Shift_JIS
③ 文字コード・　　　・ウ リストア

▶90ページの解答　例題1　b　例題2　c

9 アプリケーションソフト

公式テキスト76～80ページ対応

アプリケーションソフトは、ワープロソフト、表計算ソフト、メールソフト、Webブラウザなど、ユーザが特定の目的のために機器を動かすためのソフトウェアです。アプリケーションソフトで作成した文書や表は、ファイルという形で取り扱われます。

SAMPLE 例題1　下の画面は、Windows10のPCであるフォルダを開いた状態を表示したものである。この画面の状況を説明したものとして**適切なもの**を、選択肢から選びなさい。なお、ファイル名やアイコンの表示は、それぞれのアプリケーションを適切に反映しているものとする。

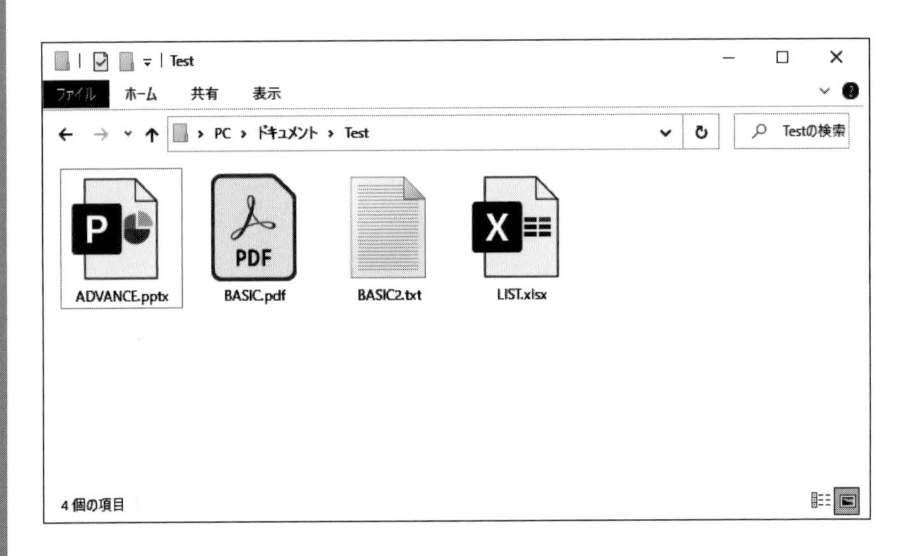

a　「ADVANCE.pptx」の「.pptx」の部分は、表計算ソフトであることを示している。

b　「エクスプローラー」の「表示」タブの「表示/非表示」の設定で、「ファイル名拡張子」の項目が有効になっている。

c　「BASIC.pdf」と「BASIC2.txt」の2つのファイルは画像形式のファイルである。

d　「LIST.xlsx」の「LIST」の部分は、「拡張子」といわれる。

コンピュータに導入されたアプリケーションソフトを削除し導入前の状態に戻す処理を**何というか**、選択肢から選びなさい。

a アップグレード
b アップデート
c アンインストール
d インストール

例題3 Windows OSで、あるフォルダにテキストファイル「file.txt」が保存されている。**同じフォルダに保存することができないファイル**を、選択肢から選びなさい。

a file2.txt
b file.docx
c ファイル.txt
d file.txt

例題の解説

解答は97ページ

例題1 Windows 10のエクスプローラーは、HDDやSSDに保存されているファイルをアイコンやファイル名で表示して、目に見える形で操作できるようにする機能です。ファイルの形式は、アイコンの形状や拡張子で知ることができます。拡張子は、ファイル名の後ろにピリオドで区切って表示される文字列です。問題の図ではアイコンの直下にファイル名が表示されています。

a 拡張子pptxは、プレゼンテーションソフト（Microsoft PowerPoint）で作成したファイルであることを示しています。表計算ソフト（Microsoft Excel）で作成したファイルには、xlsxやxlsなどの拡張子が付けられます。

b エクスプローラーでは、拡張子の表示／非表示を、ユーザが設定することができます。次図に示すように、リボンを表示し（問題の図では非表示）、「表示」タブの「ファイル名拡張子」の項目にチェックを入れる（☑にする）と拡張子が表示されます（正解）。

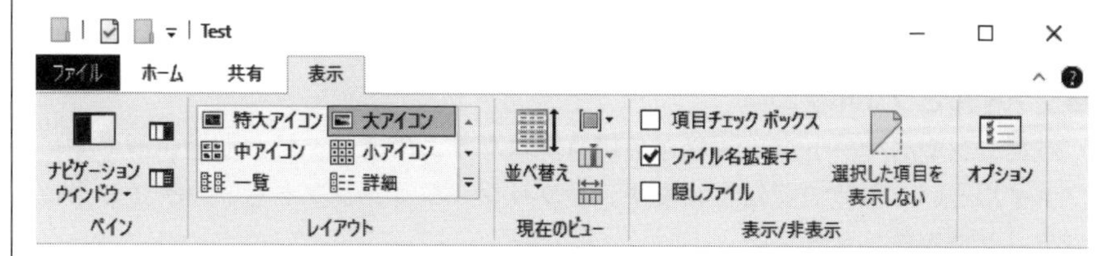

c pdfはアドビシステムズ社が開発した電子文書ファイル（PDFファイルという）の拡張子、txtは文字コードと制御文字のみで構成されるテキストファイルの拡張子です。拡張子がpdfのファイルに画像が含まれていても、それは文書の一部であり、PDFファイルを画像ファイルということはできません。

d 「LIST」の部分がファイル名、「xlsx」の部分が拡張子です。ファイル名と拡張子はピリオドで区切られます。拡張子がxlsxのファイルは、Excelで作成されたものです。

つながりクイズ（93ページ）の答え：① ウ ② ア ③ イ

例題2 コンピュータを使用するには、OSやアプリケーションソフトなどのソフトウェアが導入されていることが必要です。

a ソフトウェアにおけるアップグレードとは、ソフトウェアが大幅に改良されて新しいバージョンとなること、または新しいバージョンのソフトウェアをコンピュータに導入することをいいます。

b アップデートとは、最新のものに更新するという意味です。すでに配布されているソフトウェアが改良された場合、コンピュータに導入済みのソフトウェアに改良を反映させることをいいます。多くのソフトウェアには、インターネットを通じて自動的にアップデートする機能が組み込まれています。

c アンインストールとは、コンピュータに導入されたアプリケーションソフトを削除し導入前の状態に戻すことをいいます。問題の説明に該当するのはアンインストールです（正解）。

d インストールとは、ソフトウェアをコンピュータに導入することをいいます。通常は、ダウンロードやCD-ROM、DVD-ROMで配布されたプログラムを、インストーラという導入用のプログラム（ソフトウェアに付属してくる）で導入します。

例題3 ファイル名はファイルを識別するためのもので、「ファイル名.拡張子」の形式で自由に付けることができます。ただし、同じフォルダ内ではファイル名を重複させて保存することはできません。

a、c ファイル名が異なるので、同じフォルダに保存することができます。

b ファイル名は同じですが、拡張子が異なるので同じフォルダに保存することができます。

d 同一のファイル名と拡張子のファイルを同じフォルダに保存することはできません（正解）。

要点解説 9 アプリケーションソフト

アプリケーションソフト

パソコンやスマートフォンなどで具体的な作業をするためのソフトが**アプリケーションソフト**（アプリケーション、アプリと略されることもある）です。

■ファイルとフォルダ

パソコンやスマートフォンなどで扱うプログラムやデータは、記憶装置の中に**ファイル**という単位で記録されます。アプリケーションソフトも、ファイル単位でデータを操作します。

HDDなどの記憶装置では、**フォルダ**という入れものにファイルをまとめて保存します。関連のある書類（ファイル）をバインダ（フォルダ）にまとめて整理するようなイメージです。フォルダの中にフォルダを収めるなど、階層構造で管理することもできます。

Windows 10ではエクスプローラー、macOSではFinderというソフトウェアが

OSによって用意されており、ファイルやフォルダの確認や操作を行うことができます。

■ファイルとフォルダの概念図

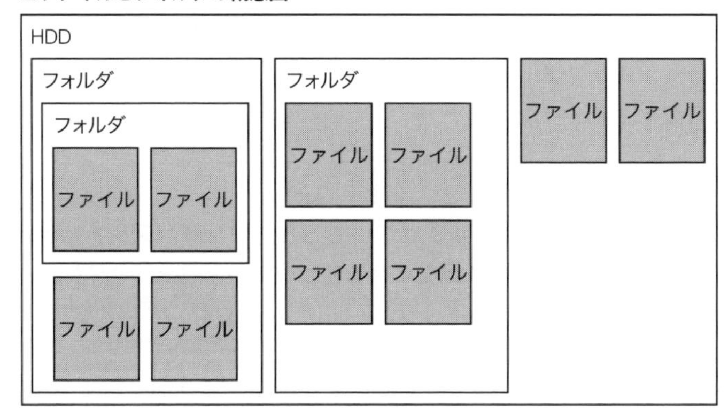

■ファイル名

ファイル名は、ファイルを識別するために付けられる名称です。ファイル名は自由に付けられますが、OSによって使えない文字があります。同一のフォルダ内に同一のファイル名(拡張子を含む)のファイルを保存することができないので、ファイル名を変更するか、別のフォルダに保存する必要があります。なお、フォルダの識別はフォルダ名で行います。

■拡張子

■ファイル名と拡張子

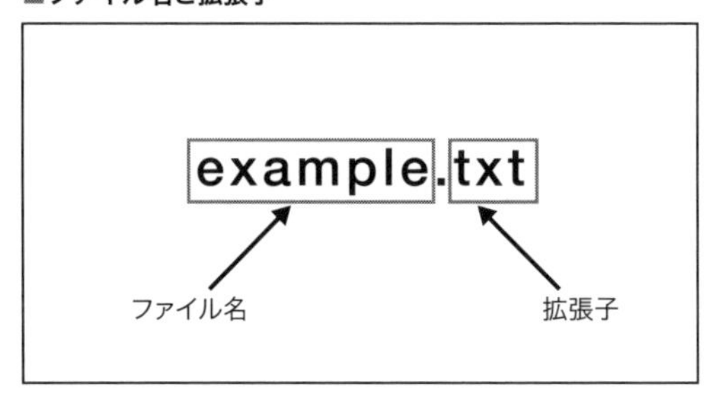

コンピュータで扱うデータには画像、動画、音声、文書などさまざまな種類があり、種類によって利用するアプリケーションソフトが異なります。ファイルがどのような種類のデータでどのように扱うかを定めたものをファイル形式といいます。ファイル形式の違いを識別するための要素が**拡張子**です。ファイル名の末尾のピリオド（.）以降にある文字列が拡張子で、ファイル形式によって固有の文字列となっています。OSは、ファイルを開くときに拡張子でどのアプリケーションソフトに対応しているかを判断します。また、拡張子の種類によってファイルを示す表示アイコンを変えています。

▶94、95ページの解答　例題1　b　例題2　c　例題3　d

Windows 10のエクスプローラー、macOSのFinderでは、拡張子の表示／非表示を切り替えることができます。エクスプローラーでは上部のリボン「表示」タブ、Finderは「環境設定」の「詳細」タブで設定できます。

■インストール、アンインストール、アップデート

アプリケーションソフトをスマートフォンやパソコンなどで利用するには、ソフトウェアを組み込む**インストール**という作業が必要です。パソコンの場合は、ソフトごとに必要な要件（対応OS、ハードディスクの空き容量、メモリ容量など）が異なるので事前の確認が必要です。なお、OSやアプリケーションソフトなどが機器購入時にすでにインストールされていることを**プリインストール**といいます。

インストールに対し、必要ではなくなったアプリケーションソフトを削除して導入前の状態に戻す作業を**アンインストール**といいます。アンインストールによりハードディスクの空き容量を増やすことができます。

アプリケーションソフトも、OSと同じように発売・公開後に不具合の解消や改良のための**アップデート**が開発元から提供されます。

■ファイルやフォルダの圧縮・展開

圧縮とは、データの質を保ったままファイルのサイズを小さくすることです。圧縮処理を行ったファイルのことを圧縮ファイル、圧縮処理を行うソフトウェアを圧縮ソフトなどといいます。圧縮ファイルの形式には、ZIP、LZH、RAR、7zなどがあります。複数のファイルをまとめて、あるいはフォルダをそのまま圧縮することもできます。圧縮ファイルを元のデータに戻すことを展開といいます（解凍、伸張ともいう）。

圧縮方式には可逆圧縮と非可逆圧縮があり、**可逆圧縮**はデータを圧縮して保存しても元に戻したときに完全に元の状態に戻せる圧縮方法のことで、**非可逆圧縮**は、反対に、完全に元に戻すことが不可能な圧縮方法です。情報量が多い音楽・動画・画像のファイル形式の多くに、非可逆圧縮によりデータサイズを小さくするという方式が採用されています。

よく使われるアプリケーションソフトの種類

アプリケーションソフトには、Web閲覧のためのWebブラウザ、電子メールを送受信するためのメールソフト、テキストを編集するエディタソフトなど、さまざまな種類があります。文書作成のためのワープロソフト、表作成と計算のための表計算ソフト、発表用スライドの作成・表示を行うプレゼンテーションソフトがセットになったオフィスソフトは、ビジネス用途を中心によく利用されています。おもなアプリケーションソフトについて、表にまとめます。

■おもなアプリケーションソフトの種類

種類	用途	製品例	代表的な拡張子
Webブラウザ	Webサイトを閲覧する。HTMLファイルを表示する。	Google Chrome、Safari、Firefox、Edge	htm、html
メールソフト	電子メールの送受信を行う。	Microsoft Outlook、Mozilla Thunderbird	※
エディタ	テキスト（文字のみのデータ）の入力や編集を行う。	メモ帳、テキストエディット	txt
ワープロソフト	手紙、報告書など、デザイン性の高い文書を作成し、印刷する。	Microsoft Word	doc、docx
表計算ソフト	数値データを集計・分析する。	Microsoft Excel	xls、xlsx
プレゼンテーションソフト	プレゼンテーション用のスライド資料を作成し、発表を行う。	Microsoft PowerPoint	ppt、pptx
音楽・動画再生ソフト	音楽や動画を再生する。	Windows Media Player 12、QuickTime Player	下記参照
画像・動画編集ソフト	画像や動画を編集する。	ペイント、Microsoft フォト、Adobe Photoshop、Adobe Premirer、iMovie	
電子文書作成・閲覧ソフト	電子文書ファイルのPDFなどを作成・閲覧する。	Adobe Acrobat、Adobe Reader	pdf

※電子メールは拡張子を意識して使用することはない。

■音声・動画・画像ファイルの代表的な拡張子

種類	拡張子
音声	mp3、aac、wma、wav、aif
動画	mpg、mp4、avi、mov
画像	jpg、gif、png、bmp

いっしょに覚えよう

画像のファイル形式

画像のファイル形式は、種類ごとに特徴が異なります。拡張子がjpgのJPEGは、画質の劣化が少ない圧縮を行い（非可逆圧縮）、Webページやデジタル写真などフルカラー（表現できる色数が約1,677万色と豊富）写真の保存に広く使われます。拡張子がpngのPNGは、画質の劣化のない可逆圧縮を行い、フルカラー写真の保存に適しています。拡張子がgifのGIFは、256色までは可逆圧縮を行い、256色までのアイコンの作成に適しています。拡張子がbmpのBMPは、無圧縮で、各画素の数値をそのまま記録します。

10 プログラミングとプログラミング言語

公式テキスト81～88ページ対応

コンピュータに何をどう実行させるか、処理手順を指示する指示書がプログラムです。プログラムは、コンピュータのソフトウェアを構成する要素であり、プログラムを作成することをプログラミング、プログラムの記述に使用されるのがプログラミング言語です。

プログラミングに関する説明として、**もっとも適当なもの**を、選択肢から選びなさい。

a プログラムは、「順次処理」「圧縮処理」「反復処理」の組み合わせで作成される。
b プログラミング言語によって作成されたプログラムがコンピュータに処理を実行させる。
c プログラミング言語は、自然言語である。
d Webページを作成する言語として、FTPが有名である。

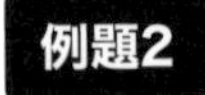

HTML、CSS、JavaScriptについての説明として**誤っているもの**を、選択肢から選びなさい。

a Webページを構成する文字や画像などをHTMLでマークアップする。
b CSSは、文字の大きさや色、画像の配置など、体裁についての指定を行う。
c 動きのあるWebページを実現するために、JavaScriptが使用される。
d JavaScriptはJavaの簡略版である。

例題の解説

解答は103ページ

例題1 プログラムはコンピュータに実行させたい処理を記述したものです。プログラミング言語で記述します。

a プログラムを記述するプログラミングでは、書かれた順に命令を実行する「順次処理」、複数の命令のどれかを実行する「選択処理」、命令を繰り返し実行する「反復処理」を組み合わせて目的を達成するプログラムを作成します。「圧縮処理」は、ファイルのサイズを小さくするときに行う処理で、プログラムを作成するために使用されるものではありません。

b プログラムに記述された命令どおりにコンピュータは処理を行います。本選択肢はプログラミングに関する説明としてもっとも適当です（正解）。なお、プログラミング言語は、人間にとって理解しやすく、作成しやすい言語で、コンピュータはこれを直接理解して動くような仕様にはなっていません。実際にコンピュータを動作させるためには、プログラミング言語で書かれたプログラムをコンピュータが直接実行できる機械語に翻訳します。

c 自然言語とは、人間が日常的に使っている言葉のことです。これに対してプログラミング言語は、コンピュータに処理を実行させることを目的に作られた言語です。つまり、プログラミング言語は人工的な言語であり、自然言語ではありません。

d Webページを作成するために使われるのはHTMLです。FTPは、インターネットでファイルを転送するためのプロトコルです。

例題2 HTML、CSS、JavaScriptは、Webページの記述に用いられるプログラミング言語です。

a HTMLは、文字や画像などのWebページの構成要素に対して見出し、段落、図表といった構造をマークアップ（印を付ける）します。

b CSSは、HTMLと組み合わせて使用され、Webページの文字などの体裁を整える機能を担います。

c JavaScriptは、クライアント（Webブラウザ）側で実行するプログラムを記述する言語です。ウィンドウを新たに開く、色を変えるなど、おもに動きのあるWebページを実現するために使用されます。

d Javaは、アプリケーションソフトの開発に用いられるプログラミング言語です。JavaScriptという名前にJavaとありますが、JavaとJavaScriptは互いに無関係です（正解）。

要点解説 ⑩プログラミングとプログラミング言語

プログラミングとは

コンピュータは、人間から指示された処理を忠実に行います。機械であるコンピュータに処理手順を指示する指示書が**プログラム**です。プログラムは正しく処理することを目指して作成されますが、もしプログラムにミスがあると、目的どおりに処理は実行されません。つまり、コンピュータは、プログラムで指示されたとおりにしか実行することができません。プログラムを作成する一連の工程のことを**プログラミング**といいます。

■プログラムを作る工程

プログラムを作成する際は、実現したいこと（目的）を分析した上で、手順を追って進めます。あとで目的が変わったり、そのために与える材料（データ）が変わったりすると、プログラム作成の手順も変わってしまい、予定どおりに作成を完了することが困難になります。

プログラムを作る工程は、大まかに次のようになります（ウォータフォールモデルと呼ばれる開発工程の場合）。

①要求定義：実現したいことを要素に分解する。
②プログラム設計：要素を組み合わせて、プログラムの全体像を描く。利用者の立場とプログラム開発者の立場の両面から設計を行う。
③プログラム作成：プログラミング言語でプログラムを記述する（コーディングという）。
④テスト：プログラムが意図どおりに動くかどうかテストする。まず要素ごとに分解したプログラムを単体でテストし、そのあとそれらを結合してテストする。
⑤運用：完成したプログラムを使用する。

■フローチャートとプログラムの3つの処理パターン

プログラム設計では、フローチャートという図解を用いてプログラムを記述します。フローチャートにはいろいろな書き方がありますが、ここでは一般的な「JIS流れ図」を示します。次図は、プログラムの基本的な処理パターンである、順次処理、選択処理（条件分岐処理）、反復処理を簡単な例で表現したものです。

■3つの処理パターン

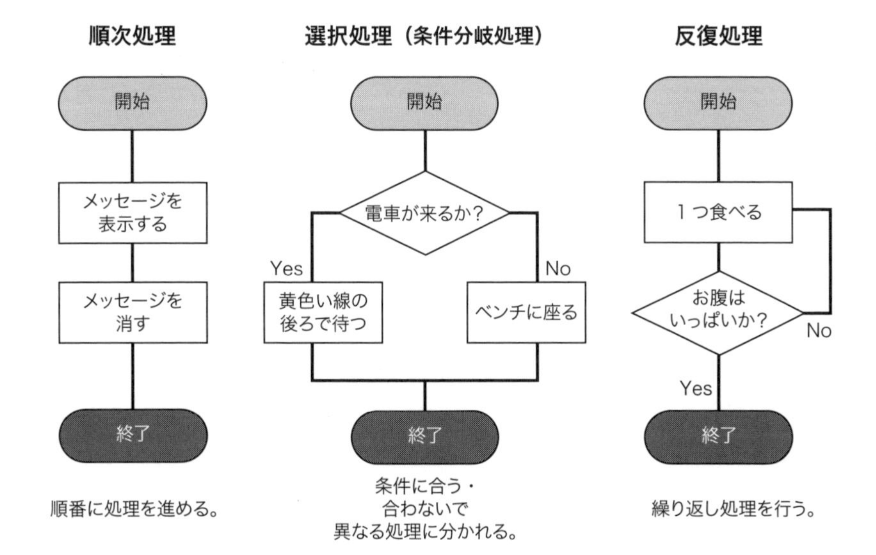

順番に処理を進める。

条件に合う・
合わないで
異なる処理に分かれる。

繰り返し処理を行う。

プログラミング言語

プログラムを人間が記述するために用いられるのがプログラミング言語です。プログラミング言語には非常に多くの種類があります。そのうちのいくつかを紹介します。

■HTML

タグという記号を挿入してテキストに意味を与え（この作業をマークアップという）、文書の構造を記述する言語です。Webページの作成に用いられます。

■CSS

HTMLと組み合わせてWebページの見栄えを整えるために用いられます。文字や画像などのサイズ、色、配置、背景色などを指定します。

■JavaScript

動きのあるWebページを作成するために用いられます。入力フォーム、送信ボタン、メニュー表示などの機能がJavaScriptで作られています。

■PHP

Webサーバ側で動作するプログラミング言語として、Webページや Webサービスなどの作成に用いられます。サービスへのログイン機能、検索機能、問い合

▶100ページの解答　例題1　b　例題2　d

わせフォームなどの機能がPHPで作られています。

■ Python

プログラミング言語としてシンプルで使いやすく、少ない行数で書くことができます。アプリケーション開発用として広く利用されています。プログラム作成に利用できるサンプルプログラムが多数公開され、AI開発にも多く使われています。

■ Ruby

日本発で、国際規格に認証されているプログラミング言語です。おもにSNSやソーシャルゲームの開発に利用されており、汎用性が高いのでスマートフォンのアプリ開発にも用いられています。

■ C

1972年に開発された言語で、OSの作成、またIoTの分野で広く使われています。C言語で書かれたソースコードをコンパイル（翻訳）してコンピュータが理解できる機械語プログラムを生成します。コンピュータは機械語プログラムを直接実行するので、高速に動作します。派生言語としてC++、C#があります。

■ Java

C言語と同じようにソースコードをコンパイルします。ハードウェアに依存せず、高速に動作するプログラムを生成、利用できます。汎用性が高く、いろいろな分野のアプリケーション開発に利用されます。

いっしょに覚えよう

変数、演算子

変数は値の出し入れが可能な箱のようなもの、演算子は数学の数式で用いられるような、演算（計算）のために使われる記号のことです。変数と演算子は、プログラムで行われる数値の計算において利用されます。

ソースコード

プログラミング言語で記述したプログラムのことです。

HTMLソースコードの例

```
<!DOCTYPE html>
<html>
 <head>
   <meta charset="utf-8">
   <title>hello world</title>
 </head>
 <body>
   Hello World!
 </body>
</html>
```

表示結果

```
Hello World!
```

第3章
インターネットの接続

インターネット構成

1 インターネット

公式テキスト90～91ページ対応

私たちは、生活の中でさまざまな情報をやり取りします。情報のやり取りのために利用されるのがコンピュータでありネットワークです。世界には多数のネットワークがあり、これらを相互に結んだものがインターネットです。

LANの説明として、**もっとも適切なもの**を選びなさい。

a　家庭内や学校内といった限られた範囲に構成された小規模のネットワーク
b　個々のネットワークを結ぶ広域のネットワーク
c　WANを世界規模につなげたネットワーク
d　インターネット上に構築される仮想的なネットワーク

例題の解説

解答は109ページ

コンピュータの世界において、通信機能を持つ機器を相互に接続して情報をやり取りできるようにした状態をネットワークといいます。ネットワークにはさまざまな種類があり、接続する範囲で分類したものに、WANやLANがあります。設問のLANは、ローカルエリアネットワーク（Local Area Network）の略語です。

a　家庭内、学校内、事業所内のように、限られた範囲（ローカルエリア）で情報をやり取りするために構成されたネットワークはLANです（正解）。

b　個々のネットワーク（LAN）を結んだ広域のネットワークは、WAN（Wide Area Network）です。

c　WANを世界規模につなげて誰でも情報をやり取りできるようにしたネットワークは、インターネットです。

d　インターネット上に構築される仮想的なネットワークは、VPN（Virtual Private Network）です。VPNによって、LANの外部のネットワークからでも、あたかも専用回線を利用しているかのように安全にLAN内に接続することができます。

要点解説 1 インターネット

ネットワークとインターネット

複数のコンピュータを相互に結んで、情報のやり取りができるようにした形態をコンピュータネットワーク、あるいは単にネットワーク（通信網）といいます。

ネットワークにはその状態により異なる呼び名が付けられています。家庭や学校、会社のように限られた範囲内に構築される、小規模のネットワークを**LAN**（Local Area Network、「ラン」と読む）といいます。本社と支社のLAN同士をつなげる、隣接する市や県にあるネットワーク同士をつなげるなど、個々のネットワークを結んだ広域のネットワークを**WAN**（Wide Area Network、「ワン」と読む）といいます。ローカル（「局所的な、特定地域内の」という意味）なネットワークであるLANに対し、WANは広いエリア（広域）のネットワークです。

インターネットは、WANを世界規模に広げたネットワークで、誰でも接続して利用することができます。

インターネットへの接続

インターネットへの接続方法はさまざまです。スマートフォンなどのモバイル機器の場合は、LTEなどの移動体通信ネットワークを利用すると、移動しながらインターネットへ接続することができます。家庭にFTTH接続やCATV接続環境を用意してLANを構築すると、パソコンや家電など、複数の端末を同時にインターネットへ接続させることができます。無線LANを利用するとケーブルの有無に制限されることなくインターネットを利用することができます。なお、インターネットへの接続には、一般に、ISP（Internet Service Provider：インターネットサービスプロバイダ）が提供するインターネット接続サービスの利用が必要です。

つながりクイズ

関係の深い項目を線でつなぎましょう。

① LAN・	・ア 広域のネットワーク
② WAN・	・イ 世界規模のネットワーク
③ インターネット・	・ウ 小規模のネットワーク

2 インターネットの仕組み(1)

公式テキスト92～94ページ対応

インターネット上の通信相手を特定するためにIPアドレスを利用するなど、インターネットでは、共通のルールに従うことにより、互いにデータをやり取りすることができます。

インターネットでデータを送信する際に、**相手の宛先を特定する識別子となるもの**を、選択肢から選びなさい。

a MACアドレス
b グローバルIPアドレス
c プライベートIPアドレス
d リンクローカルアドレス

プライベートIPアドレスについての説明として**適当なもの**を、選択肢から選びなさい。

a 端末側で自動生成される。
b あるネットワークで使用されるプライベートIPアドレスが、他のネットワークでも使用される可能性がある。
c 宛先のIPアドレスとして指定し、インターネットを経由してデータを送信できる。
d PCにIPv4アドレスを割り当てる場合、グローバルIPアドレスを割り当てることはできず、必ずプライベートIPアドレスを割り当てなければならない。

IPv6アドレスの情報量を選びなさい。

a 32ビット
b 64ビット
c 128ビット
d 256ビット

例題4　インターネット上のパケット送信に関する説明として**誤っているもの**を、選択肢から選びなさい。

a　インターネットで送信されるデータは、小さい単位に分割される。分割されたデータをパケットという。
b　送信されたパケットは、複数のネットワークを経由して宛先まで送り届けられる。
c　送信元から宛先までの経路（どのネットワークを経由していくか）はデータごとに決められており、すべてのパケットは常に同一の経路をたどっていく。
d　分割されたパケットは、宛先に到着すると元のデータに復元される。

例題の解説

解答は111ページ

例題1　ネットワークに接続されたコンピュータを識別するためのIPアドレスには、いくつかの種類があります。インターネット上に存在するコンピュータとの通信に使われるアドレス、LANなどの限られたネットワーク内に存在するコンピュータとの通信に使われるアドレスなどがあります。

a　MACアドレスは、コンピュータをLANに接続するために利用される、ネットワーク接続用アダプタごとに割り当てられた番号のことです。MACアドレスはIPアドレスの一種ではありません。

b　IPv4アドレスの種類のうち、インターネット上の宛先となるコンピュータを特定するために、識別子として利用される一意のアドレスのことをグローバルIPアドレスといいます（正解）。

c　プライベートIPアドレスは、LANのように限られたネットワーク内において、宛先のコンピュータを特定するために利用されるIPアドレスです。

d　コンピュータに自動的にIPv4アドレスが割り当てられる環境で、割り当てに失敗し、自動的に取得できなかった場合にOSが設定するアドレスをリンクローカルアドレスといいます。リンクローカルアドレスが割り当てられると、LANの外部ネットワークとの通信はできませんが、LAN内の通信は行えるようになります。

例題2　プライベートIPアドレスは、LANなどの限られた範囲内で利用することができるIPアドレスです。家庭や組織内のLANでは、通常、ルータに外部ネットワーク通信用のグローバルIPアドレスが割り当てられ、LAN内の各端末にはプライベートIPアドレスが割り当てられます。なお、プライベートIPアドレスはIPv4で定義されているアドレスで、IPv6にはありません。

a　プライベートIPアドレスは、端末側で自動生成されません。通常は、ルータが各端末にプライベートIPアドレスの割り当てを行います。

b　プライベートIPアドレスとして利用可能なアドレスの範囲はあらかじめ決められています。決められた範囲内であればLANごとに自由に割り当てることができるので、同じプライベー

▶106ページの解答　例題1　a

つながりクイズ（107ページ）の答え：①　ウ　②　ア　③　イ

トIPアドレスが別のLANで使用されている可能性は十分にあります（正解）。

c　グローバルIPアドレスの説明です。プライベートIPアドレスはLAN内における通信、グローバルIPアドレスはインターネットを経由する通信のために使用されます。

d　プライベートIPアドレスは、グローバルIPアドレスの数を節約するために、インターネットへ直接接続する必要のないPCなどが、プライベートなネットワーク内だけで使えるように作られました。利用方法によってはグローバルIPアドレスを割り当てることもあり、必ずしもIPv4ではPCにプライベートIPアドレスを割り当てる必要はありません。

例題3　IPv6は、従来利用されてきたIPv4ではアドレスの数が不足することが予想されたことから作られた規格です。

a　IPv4アドレスは2進法で32桁の数値です。つまり、32ビットの情報量を持ちます。アドレスの数は理論上約43億個です。

c　IPv6アドレスは2進法で128桁の数値です。つまり、128ビットの情報量を持ちます（正解）。340兆の1兆倍の1兆倍という膨大なアドレス範囲を持ちます。

その他の選択肢である64ビット、または256ビットのIPアドレスは存在しません。

例題4　データの送受信をどのような手順、形式で行うかを定めたものを通信プロトコルといいます。インターネットでも、共通の取り決めである通信プロトコルに従ってデータを送受信します。

a　インターネットでは、効率のよい通信のためにデータを小さいサイズのパケットに分割して送信します。パケットはそれぞれ宛先情報が付加されてインターネットに送出されます。

b　インターネットは多数のネットワークが相互に接続されたものです。インターネットに送出されたパケットは複数のネットワークを次々と経由することで宛先まで到着します。

c　複数のネットワークの接続点にはルータという通信装置があります。ルータはパケットに付加された宛先情報を見て、次にどのネットワーク（ルータ）にパケットを送ればいいかを判断します。元は同じデータのパケットがルータによって別々の経路に送られることもあるので、すべてのパケットは常に同一の経路をたどっていくことはありません（正解）。

d　バラバラに到着したパケットは、宛先のコンピュータで元のデータに復元されます。復元のために必要な情報は、宛先情報とともにパケットに付加されています。

要点解説 ２ インターネットの仕組み(1)

パケットとルータ

インターネットでは、複数のネットワークを経由してデータが送受信されます。ネットワークとネットワークの接続点には**ルータ**という装置が置かれ、データを中継します。送受信されるデータは**パケット**という単位に分割され、それぞれのパケットには宛先が登録されます。ルータはパケットに登録されている宛先を見て、パケットの中継先を判断して送り出します。

■パケットとルータ

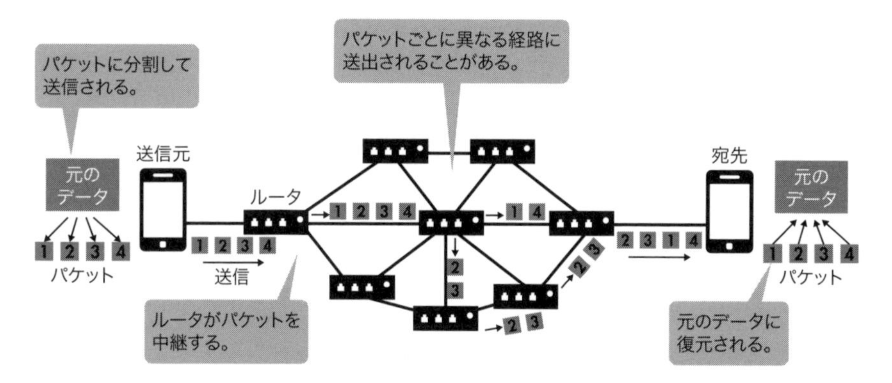

プロトコル

インターネットなどのネットワークでは、**通信プロトコル**に従って通信を行います。通信プロトコルは、通信のために定められた一定の手順や形式のことで、通信規約や、単に**プロトコル**ともいいます。インターネット上では、TCP/IP（Transmission Control Protocol/Internet Protocol）というプロトコル群が利用されています。

▶108、109ページの解答　例題1　b　例題2　b　例題3　c　例題4　c

IPアドレス

インターネットなどネットワーク上のコンピュータを特定するために使われる識別子が**IPアドレス**です。IPアドレスは重複しないように一意（ユニーク：重複しない）に割り当てられます。IPアドレスには、従来から使われているIPv4アドレスと、新たに考案されたIPv6アドレスの2種類があります。

■IPv4アドレス

IPv4アドレスは32ビットで表現されます。1ビットとは2進法の1桁のことですから、32桁の数値ということです。0または1が32桁も並んだのでは見づらいので、8ビットずつ4つに区切り、各8ビットを10進法による表記に変換し、ドット（ピリオド）で区切って見やすくしています。これがよく目にするIPv4アドレスの表記です。IPv4アドレスで表現できるアドレスの数は2の32乗、すなわち4,294,967,296＝約43億です。

■IPv4アドレス（2進表記と10進表記）

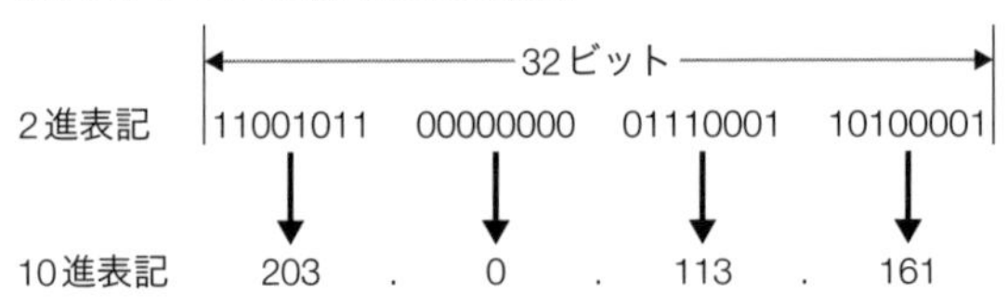

■グローバルIPアドレスとプライベートIPアドレス

IPv4アドレスのうち、インターネットに接続された多数のコンピュータの中から1台のコンピュータを特定するために使用されるアドレスを**グローバルIPアドレス**といいます。一方、LANのように閉ざされたネットワーク内でコンピュータを特定するために使用されるアドレスを、**プライベートIPアドレス**といいます。グローバルIPアドレスはインターネットの中で、プライベートIPアドレスはLAN内で一意（ユニーク）である必要があります。プライベートIPアドレスは、LANごとに割り当てられるので、まったく同じIPアドレスが別のLANにも存在することがあります。

■IPv6アドレス

インターネットに接続する機器は増え続けており、IPv4アドレスだけでは数が不足することが懸念され、これを解消するために新しいIPアドレス体系である**IPv6アドレス**が策定されました。IPv6アドレスはすでに実用化され、運用が始まっています。

IPv6アドレスは128ビットで表現されます。128ビットのアドレス（2進法で

128桁）は、2の128乗すなわち「340兆の1兆倍の1兆倍」個のアドレスを表現でき、地球上の全デバイスに固有のアドレスを割り当てても余裕があるほどのアドレス空間を持っています。

IPv6アドレスは、2進法128桁を16ビット×8ブロックに分けて、16ビットの部分を16進法で表現し、8ブロックをコロン（:）で区切って表記します。IPv6アドレスをそのまま表記すると長いので、連続する0は、一定のルールで省略して表記することできます。0000は0に、前にある0は省略して0db8ならdb8と表記します。0のブロックが連続する場合は:0:0:や:0:0:0:を::と表記することができます（2か所ある場合は連続が長いほうか、同じ連続数なら前のほうを省略)。

■IPv6アドレスの表記

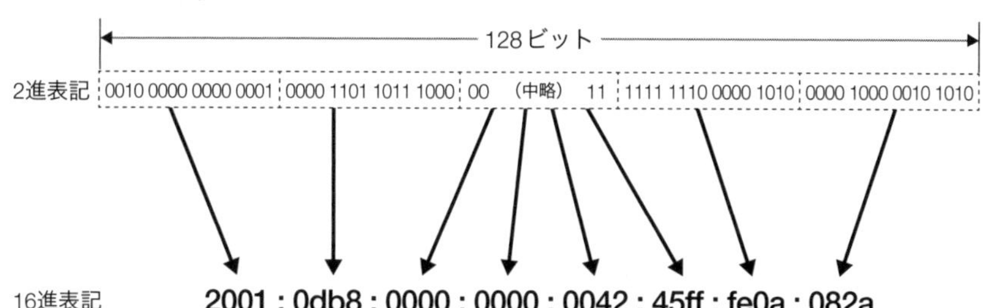

○×クイズ

次の記述のうち、IPv6アドレスの特徴として当てはまるものには○、当てはまらないものには×を付けましょう。

①（　）情報量は32ビットである。
②（　）情報量は128ビットである。
③（　）約43億個のアドレスが存在する。
④（　）すでに実用的に運用されている。

3 インターネットの仕組み(2)

公式テキスト95～96ページ対応

インターネットに接続しているコンピュータ同士は、IPアドレスを使って通信相手を特定しますが、数字の並びであるIPアドレスは扱いづらいので、人が理解しやすいように、IPアドレスに一意に対応させたドメイン名が利用されています。

ドメイン名とIPアドレスを関連付けるサーバはどれか、**適当なもの**を、選択肢から選びなさい。

- **a** DHCPサーバ
- **b** DNSサーバ
- **c** FTPサーバ
- **d** NTPサーバ

例題2 通信速度100Mbpsで接続している環境において、インターネットから500MBのデータをパソコンにダウンロードするために理論上かかる時間は何秒か。**もっとも近いもの**を、選択肢から選びなさい。なお、実効通信速度やダウンロード開始までの待ち時間については考慮しないものとする。

- **a** 5秒
- **b** 40秒
- **c** 50秒
- **d** 100秒

例題の解説

解答は117ページ

例題1 IPアドレスは、インターネットに接続されている機器を一意に示す数字です。目的のコンピュータ（Webサーバやメールサーバなど）にアクセスするには、IPアドレスを指定します。ただし、IPアドレスは数字の並びであり、そのままでは人間にとって扱いにくいので、代わりにIPアドレスに対応させたドメイン名を用います。ドメイン名は、文字、数字、記号の組み合わせから成っています。

a DHCP（Dynamic Host Configuration Protocol）は、ネットワークに接続するコンピュータに自動的にIPアドレスなどを割り当てるプロトコルで、これを行うのがDHCPサーバです。DHCPは、ISP（インターネットサービスプロバイダ）がユーザに対して動的にIPアドレスを割り当てる場合や、LANにおいてプライベートIPアドレスを割り当てる場合に利用されています。

b DNS（Domain Name System）は、IPアドレスとドメイン名の対応の問い合わせを解決するプロトコルで、これを行うのがDNSサーバです（正解）。DNSサーバにより、IPアドレスを知らなくてもドメイン名の入力で目的のWebサーバやメールサーバなどにアクセスすることができます。

c FTP（File Transfer Protocol）は、ファイルを転送するためのプロトコルで、ファイル転送の機能を担うのがFTPサーバです。

d NTP（Network Time Protocol）は、ネットワークに接続されている機器の持つ時計の時刻を合わせる機能で、これを行うのがNTPサーバです。

例題2 設問に、「実効通信速度やダウンロード開始までの待ち時間については考慮しない」とあるので、通信速度100Mbps、データサイズ500MBから、ダウンロード（インターネット側からデータを受け取ること）にかかる時間を求めます。

はじめに、設問に出てくる用語について整理します。通信速度は、ネットワーク上でデータが転送される速度のことで、転送する容量÷転送が完了するまでの時間で求めることができます。bps（bit per second、ビット／秒）は1秒あたりに転送されるビット数を表す単位です。MBのB（byte、バイト）はデータの容量を表すために使われる単位です。Mbps、MBの頭のM（メガ）は、大きな単位を表すために使われる接頭辞で、M＝1,000,000を表します（M＝1,024×1,024とする考え方もあるが、ここでは計算を簡単にするためにいずれもM＝1,000,000であると考える）。

ビットとバイトでは単位が異なるので、単位を合わせます。一般に、1バイト＝8ビットとしています。

100Mbps＝100×1,000,000＝100,000,000bps

500MB＝500×1,000,000×8＝4,000,000,000ビット

通信速度を求める式に当てはめます（転送が完了するまでの時間をaとする）。

通信速度（bps）＝転送する容量（ビット）÷転送が完了するまでの時間（秒）

100,000,000＝4,000,000,000÷ a

a ＝4,000,000,000÷100,000,000

a ＝40

以上より、もっとも近いものは**b**の40秒です。

○×クイズ（113ページの答え） ① × ② ○ ③ × ④ ○

要点解説 3 インターネットの仕組み(2)

ドメイン名

数字だけのIPアドレスは人間には扱いづらいので、私たちがインターネット上のコンピュータの場所を指定するためには、アルファベットや数字、記号を使用した**ドメイン名**を使用します。

■ドメイン名とホスト名

ドメイン名は、ピリオドで分けられたいくつかの部分から構成され、後ろから順に、トップレベルドメイン（国名など）、セカンドレベルドメイン（属性など）、サードレベルドメイン（組織や団体の名前など）のように並びます（組織の種別、組織や団体の名前のように並ぶドメイン名もある）。ドメイン名がexample.co.jpならjpは日本、coは会社、exampleが会社名を表します。ドメイン名が表す組織や団体に複数のホスト（ネットワークに接続されたコンピュータをホストという）がある場合は、ドメイン名の前に**ホスト名**を付加します。たとえば、exampleという組織がWebサーバ（Web用のコンテンツを保有するサーバ）とメールサーバ（電子メール送受信のためのサーバ）を持つ場合、Webサーバはwww.example.co.jp、メールサーバはmail.example.co.jpのように表します。このようにホスト名とドメイン名とを合わせて記述するものを、完全修飾ドメイン名（FQDN：Fully Qualified Domain Name）といいます。

■ドメイン名の表記

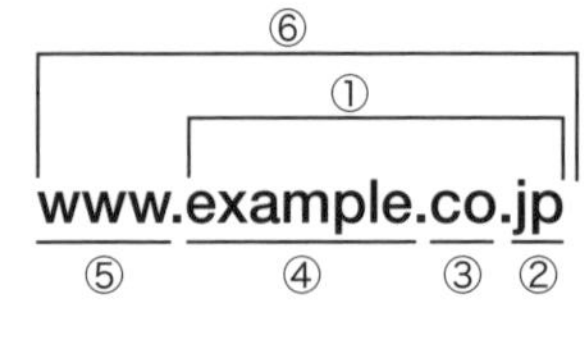

番号	説明	
①	ドメイン名	インターネット上の住所を表す文字列
②	トップレベルドメイン	国・地域名や組織の種別など
③	セカンドレベルドメイン	属性など
④	サードレベルドメイン	組織や団体名
⑤	ホスト名	コンピュータの名前
⑥	完全修飾ドメイン名	ホスト名とドメイン名を合わせたもの

おもなトップレベルドメインには、com（商業組織用、世界中の誰でも登録可）、jp（日本の組織）、uk（英国の組織）、fr（フランスの組織）などがあります。セカンドレベルドメイン（日本の場合）には、co（会社）、ne（ネットワークサービス提供者）、

or（財団法人、社団法人など）、ac（大学など）、go（政府機関）などがあります。jpドメインとあわせてco.jp、ne.jp、or.jp、ac.jp、go.jpのように記述します。

■DNSサーバ

IPアドレスとドメイン名は1対1に対応していて、IPアドレス⟷ドメイン名の相互の変換は**DNSサーバ**が行います。**DNS**（Domain Name System）は、インターネット上のドメイン名とIPアドレスを関連付ける仕組みのことで、DNSサーバはドメイン名に対応するIPアドレスの情報を保持しています。一般ユーザがドメイン名を使用してインターネットを利用すると、DNSサーバへ問い合わせが行われ、これに対してDNSサーバがドメイン名に対応するIPアドレスを返します。このIPアドレスを使用して目的のコンピュータにアクセスします。

通信速度

手元のパソコンなどからインターネットへの通信を**アップロード**といい、反対に、インターネット側からパソコンなどへの通信を**ダウンロード**といいます。アップロードやダウンロードの際、ネットワーク上をデータが転送されるときの速度を**通信速度**（または転送速度）といいます。通信速度は、1秒間に転送できるデータ量で表し、単位はbps（bit per second、ビット／秒）です。1Mbpsならば、毎秒100万ビットを転送するということです。

通信速度（bps）＝転送容量（ビット）÷転送時間（秒）

コンピュータではデータの容量をバイト（B）で表します（1バイト＝8ビット）。たとえば、200Mバイトを100秒で転送できた場合の転送速度は、200Mバイト×8ビット／バイト＝1,600Mビットを100秒で転送したので、1,600Mビット÷100秒＝16Mbpsとなります。

なお、接続サービスの説明で「下り最大通信速度100Mbps」という場合、100Mbpsは理論上の通信速度であり、実際には利用環境や回線の混雑状況などで低下します。

つながりクイズ

関係の深い項目を線でつなぎましょう。

① ac.jp・	・ア 日本の会社組織が利用可能なドメイン名
② co.jp・	・イ 日本の大学などが利用可能なドメイン名
③ com・	・ウ 世界中の誰でも利用可能なドメイン名

▶114ページの解答　例題1　b　例題2　b

4 モバイル接続

公式テキスト97～101ページ対応

LTEなどの移動体通信ネットワークや公衆無線LANサービスを利用すると、移動中や外出先でインターネットに接続することができます。モバイル機器、モバイル接続のモバイルは、「動きやすい、移動性の」という意味です。

スマートフォンなどに挿入し、携帯電話番号と結びつけるための固有のIDが記録されているICチップのことを**何というか**、選択肢から選びなさい。

a　CPU
b　RFID
c　SD
d　SIM

MVNOの説明として**適当なもの**を、選択肢から選びなさい。

a　FTTHなどの有線回線を使用した通信サービスを提供する事業者
b　MNOから無線設備を借りて移動体通信サービスを提供する事業者
c　移動体通信サービスを販売する量販店
d　移動体通信機器端末メーカー

以下の説明に**あてはまる機能**を、選択肢から選びなさい。

スマートフォンが接続している3GやLTEなどのネットワークを介して、パソコンなどをインターネットに接続すること。インターネットを利用するパソコンなどは、USBやWi-Fiなどでスマートフォンと接続する。スマートフォンをアクセスポイントとして稼働させる機能ともいえる。

a　クローリング
b　テーラリング
c　テザリング
d　ペアリング

例題の解説

解答は121ページ

例題1　スマートフォンなどを移動しながら利用できるのは、電波による通信を行っているからです。設問のICチップは、通信事業者がサービスの加入者の電波かどうかを判定するために利用されます。

a　CPUは、パソコンやスマートフォンにおける中枢となる部品です。演算機能と制御機能を持ちます。

b　RFIDは、ICタグと読み取り装置が非接触の近距離無線通信を行う技術のことです。

c　フラッシュメモリなどを利用したカード状の記憶装置をメモリカードといいます。SDカードは、SDアソシエーションが策定したSD規格に従って開発されたメモリカードの一種です。

d　SIMは、スマートフォンなどモバイル接続を行う機器に挿入し、通信を行えるようにするチップです。カード状のものをSIMカードといいます。SIMには、サービスの加入者を特定するために、携帯電話番号と結びつけるための固有のIDが記録されています（正解）。

例題2　無線によるインターネット接続を提供する事業者は、自ら無線局を持つ移動体通信事業者と、自前の無線局を持たずに、移動体通信事業者から無線設備を借りてエンドユーザに接続サービスを再販する仮想移動体通信事業者に分類されます。問題文のMVNOは、Mobile Virtual Network Operator（仮想移動体通信事業者）の略語です。

a　FTTHなどの有線回線を使用し、インターネット接続サービスを提供する事業者を、ISP（Internet Service Provider）といいます。

b　MVNOの説明です（正解）。MVNOは、MNO（Mobile Network Operator：移動体通信事業者）の無線局を借りてエンドユーザに移動体通信サービスを提供します。

c　一部の量販店がMVNO事業を展開してはいますが、選択肢はMVNOの説明ではありません。

d　移動体通信機器端末メーカーはMVNOではありません。

例題3　インターネットに直接接続する機能のないパソコンなどの機器でも、スマートフォンなどを介してインターネットに接続させることができます。

a　クローリングとは、ロボット型検索エンジンがWeb情報を集めることをいいます。検索を行うプログラムのことをロボットあるいはクローラなどと呼びます。

b　テーラリングのもともとの意味は、注文紳士服を仕立てることです。IT分野でテーラリングというと、システム開発分野の用語で企業などが定めている開発標準を個別のプロジェクトに合わせて作り直すことをいいます。

c　問題の説明に当てはまる機能はテザリングです（正解）。

d　ペアリングとは、Bluetooth機器同士を接続することです。近辺に多くのBluetooth機器がある場合は目的の機器を選択して、PINコード（パスキーなど名称は端末によって異なる）による認証を行ってから接続を可能にします。

つながりクイズ（117ページ）の答え：①　イ　②　ア　③　ウ

要点解説 4 モバイル接続

移動体通信ネットワークを利用したインターネット接続

スマートフォンのようなモバイル機器は、移動しながらインターネットを利用することができます。モバイル機器がインターネット接続の際におもに利用しているのは、**移動体通信ネットワーク**です。移動体通信ネットワークは、NTTドコモ、KDDI（au）、ソフトバンクなどの移動体通信事業者がそれぞれ、LTEなどの通信方式を利用して構築しているネットワークです。移動体通信事業者は、モバイル機器との接続のために、データ通信を中継する基地局をさまざまな場所に設置しています。モバイル機器と基地局間は、無線電波を使って通信します。

■移動体通信ネットワークを利用したインターネット接続イメージ

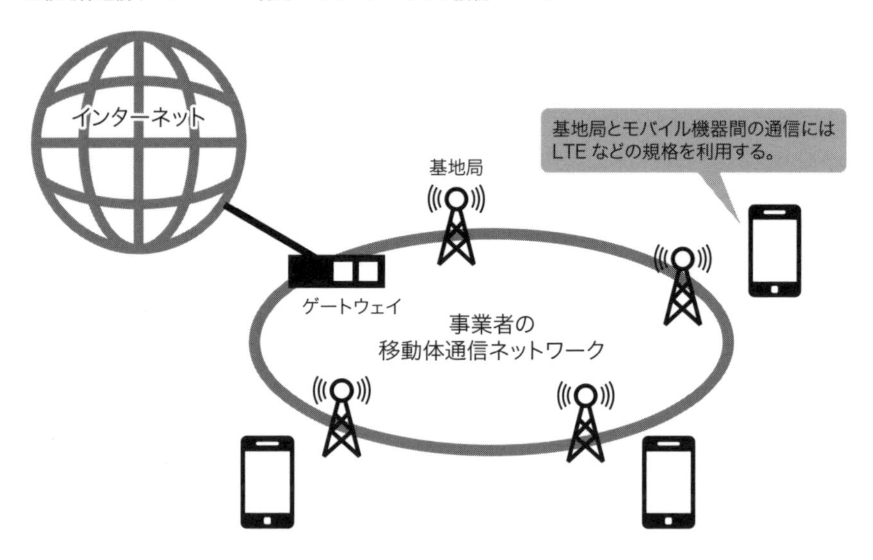

■SIMカード

移動体通信ネットワークを利用するには、スマートフォンなどの機器に移動体通信事業者に提供される**SIM**（Subscriber Identity Module、**SIMカード**ともいう）の挿入が必要です。SIMは、LTEや3Gなどの移動体通信ネットワークの利用契約がある機器かどうかを特定するための、携帯電話番号と結びつけられた固有のIDが記録されているICカードです。SIMのサイズには標準、micro（マイクロ）、nano（ナノ）があり、機器ごとに利用できるサイズは異なります。最近は、あらかじめ機器に組み込まれたeSIM（embedded SIM）も登場しています。

いっしょに覚えよう

SIMロック

通信契約とともにスマートフォンなどを販売する通信事業者は、自社の販売機器で利用できるSIMを自社のものに制限しており、これをSIMロックといいます。

SIMフリー

利用できるSIMを制限しないことをSIMフリーといいます。SIMロックのスマートフォンも、解除により、SIMフリーと同じように使用することができます（対応は通信事業者によって異なる）。

技適マーク

日本国内で利用するスマートフォンなどのモバイル機器には電波法により定められた技適マークが必要です。国外で購入したSIMフリー機器には技適マークが付いていないものがあり、この場合は法律違反となることがあります。

■アクセスポイント名（APN）

移動体通信ネットワークを経由してインターネットへ接続する場合、通信事業者のインターネット接続用設備が通信を中継します。利用契約のある通信事業者の設備を識別するためには、スマートフォンなどの機器に**アクセスポイント名**（**APN**：Access Point Name）が設定されている必要があります。

APNは、通信事業者のサービスごとに異なり、あらかじめ機器に設定されていることもあります。SIMフリー機器のように設定されていない場合は契約する事業者の指定するAPNを設定します。iPhoneやiPadの場合は、事業者が提供するAPN構成プロファイルのインストールにより簡単にAPNの設定を行うことができます。

■国際ローミング

日本国内で利用するスマートフォンを海外でも利用できるようにするサービスを**国際ローミング**といいます。国内で契約している接続サービスが現地の通信事業者と提携して提供しているサービスです。なお、国際ローミングを利用する場合は、スマートフォンが現地の通信規格に対応している必要があります。SIMフリー機器の場合は、SIMの入れ替えなどにより現地の通信事業者の通信サービスを利用することもできます。

▶118ページの解答　例題1　d　例題2　b　例題3　c

MVNOを利用したインターネット接続

LTEなどのモバイル接続サービスを提供する事業者には、自前の無線設備を所有するNTTドコモ、KDDI（au）、ソフトバンクなどの**MNO**（Mobile Network Operator：移動体通信事業者）と、MNOに無線設備を借りてサービス提供する**MVNO**（Mobile Virtual Network Operator：仮想移動体通信事業者）があります。MVNOにはIIJmio、OCNモバイルONE、mineoなど多くのサービスがあり、データ通信料を抑えるなどMNOと異なる独自の料金体系のサービスを提供しています。MVNOの事業展開に必要な通信サービスなどをMVNOに卸してMNOとMVNOの仲介を行う、MVNE（Mobile Virtual Network Enabler）という事業者も存在します。

■MVNOを利用したインターネット接続イメージ

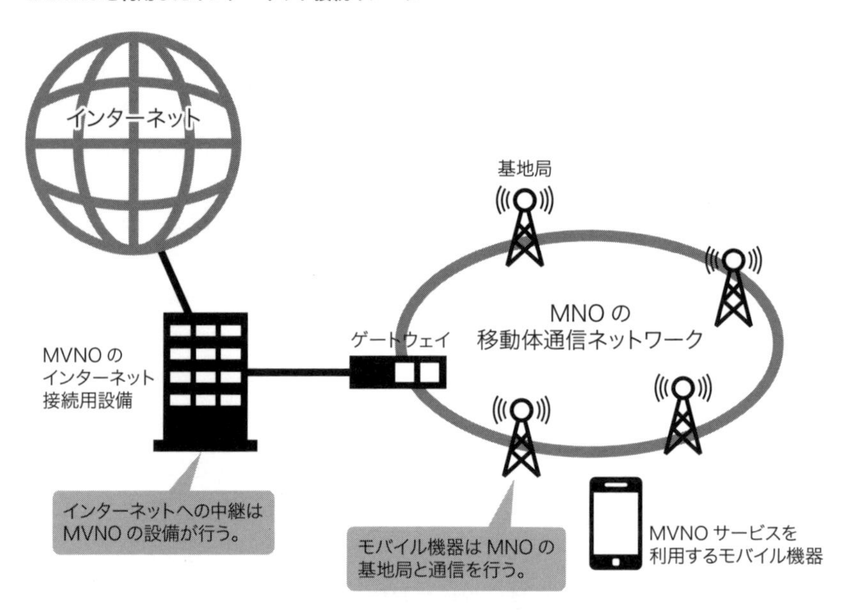

モバイルルータを利用したインターネット接続

モバイルルータは、LTEなどの移動体通信機能を持たせたルータで、持ち運びの利用に適しています。モバイルルータを介してスマートフォンやパソコンなどをインターネットに接続させることができます。機器側（LAN側）の接続にはWi-Fi（IEEE 802.11nなどの無線LAN）などのインターフェースを利用します。LAN側インターフェースにWi-Fiを利用するものはモバイルWi-Fiルータともいいます。

■モバイルルータを利用したインターネット接続イメージ

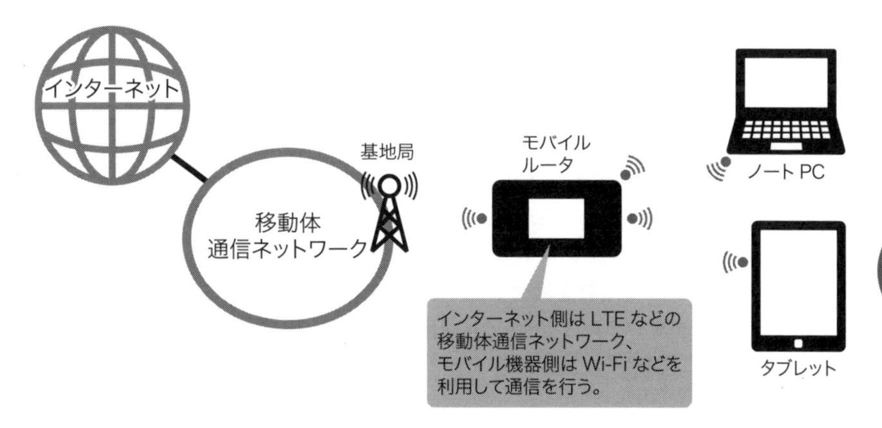
インターネット
基地局
移動体
通信ネットワーク
モバイル
ルータ
ノートPC
タブレット
インターネット側はLTEなどの
移動体通信ネットワーク、
モバイル機器側はWi-Fiなどを
利用して通信を行う。

テザリングを利用したインターネット接続

テザリングは、スマートフォンなどの移動体通信機能を利用して、パソコンなどその他の機器をインターネットに接続させる方法です。スマートフォンなどが親機、パソコンなどが子機となり、Wi-FiやBluetooth、USBを利用して親機のLTE通信などを利用します。なお、テザリングは英語のtether（「つなぎとめる」の意味）に由来しています。

■テザリングを利用したインターネット接続イメージ

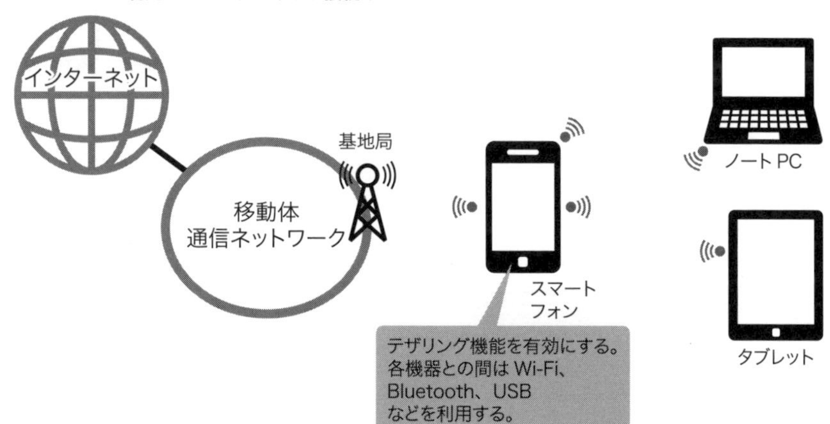
インターネット
基地局
移動体
通信ネットワーク
スマート
フォン
ノートPC
タブレット
テザリング機能を有効にする。
各機器との間はWi-Fi、
Bluetooth、USB
などを利用する。

公衆無線LANを利用したインターネット接続

無線を使って機器を接続する技術の1つが無線LANで、Wi-Fiという名前で広く利用されています。無線LAN（Wi-Fi）を利用し、駅、空港、ホテル、コンビニ、飲食店など人が集まる場所で、不特定多数の人向けに無料または有料のインターネット接続を提供するサービスを**公衆無線LAN**といいます。国内外で、外国人旅行者向けに公衆無線LANが設定されています。

公衆無線LANでは、Webブラウザなどに認証画面を表示し、指定のID、パスワードを入力させることで接続を許可する、キャプティブポータルという仕組みが広く利用されています。SNSアカウント認証、SIMカード認証を利用する公衆無線LANもあります。

■公衆無線LANを利用したインターネット接続イメージ

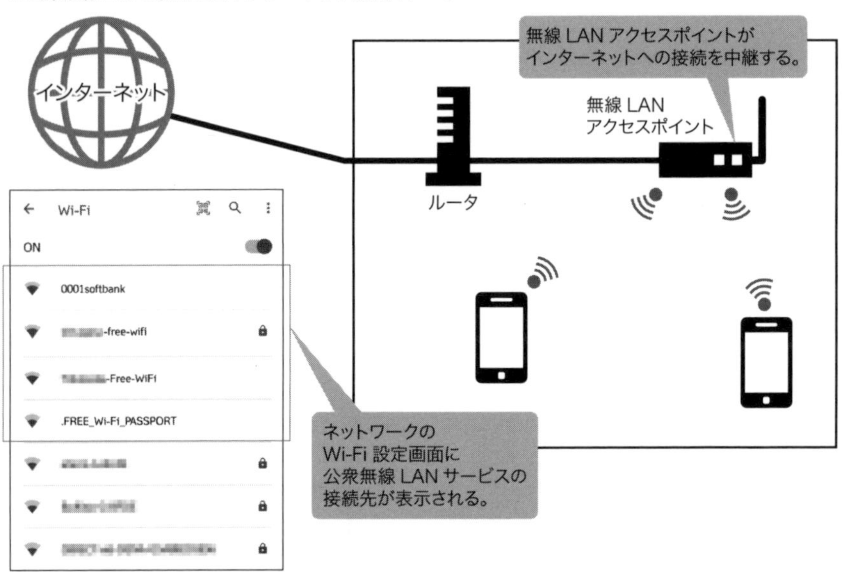

つながりクイズ

正しい文になるように線でつなぎましょう

① MNOは・
② MVNOは・
③ テザリングは・

・ア　スマートフォンなどのLTE機能などを介して、その他の通信機器がインターネット接続することです。
・イ　自前の無線局を所有して移動体通信サービスを提供する事業者です。
・ウ　無線局を借りて移動体通信サービスを提供する事業者です。

5 LANを利用した接続

公式テキスト101～103ページ対応

インターネットに接続したLANでは、複数の機器を同時にインターネットに接続させることができます。ケーブルが不要で利用範囲が広がることから、無線LAN(Wi-Fi)の利用が増えています。

無線LANのアクセスポイントを識別する**呼び方を何というか**、選択肢から選びなさい。

a FQDN
b ESSID
c ドメイン名
d ホスト名

例題2 LANを利用したインターネット接続の説明として**誤っているもの**を、選択肢から選びなさい。

a LANを利用すると、複数の機器を同時にインターネットへ接続させることができる。
b 有線LANでは、利用するパソコンなどとルータの間をLANケーブルで接続する。
c 一般に普及している無線LANの規格はIEEE 802.11シリーズで、IEEE 802.11nなどがある。
d 無線LANルータでは、Wi-Fiを利用することができない。

例題の解説

解答は129ページ

例題1 無線LANを利用する（Wi-Fiを利用する）には、通常、無線LANアクセスポイントの指定が必要です。無線LANアクセスポイントは、無線LANにおいて親機として働き、接続してくる子機同士の接続を中継したり、インターネットなど他のネットワークへの接続を中継したりします。

一般に、利用できる（電波をとらえることができる）アクセスポイントの名前（ネットワーク名）は、各子機のWi-Fiをオンにすると一覧で表示されます。接続を行うには、無線LANアクセスポイントを識別する名前を選択し、必要に応じて暗号化キー（セキュリティキー）を入力します。

a　FQDN（Fully Qualified Domain Name）は、「www.example.co.jp」のように、一部を省略することなくホスト名とドメイン名をつなげて記述したドメイン名で、日本語では完全修飾ドメイン名といいます。FQDNで表記すると、「どのドメイン内のどのサーバ」を指しているかがひと目でわかるようになっています。

b　ESSID（Extended Service Set IDentifier）は、無線LANのアクセスポイントを識別するために付けられる名前です（正解）。

c　ドメイン名は、「example.co.jp」のように、インターネットなどのネットワーク上のコンピュータの場所を指定するために用いられる文字列です。

d　ホスト名は、「www.example.co.jp」の「www」のように、Webサーバ、メールサーバなどに付けた名前です。

例題2　**a**　LANは限られた範囲で複数の機器が通信することができる小規模のネットワークです。FTTH接続などの契約でLANポートが1つしかない回線終端装置が提供されたとしても、ルータを接続するとLANを構築することができます。パソコンなどをLANに接続すると、ルータ経由でインターネットへ接続させることができます。

b　ケーブルを使用して接続するのが有線LANです。機器同士の接続にはLANケーブルを使用します。

c　無線LANの規格として普及しているのがIEEE 802.11シリーズで、その1つであるIEEE 802.11nは、周波数帯域に2.4GHzまたは5GHzを利用し、最大通信速度は600Mbpsです。IEEE 802.11シリーズの規格にはこのほかに、IEEE 802.11a、IEEE 802.11b、IEEE 802.11g、IEEE 802.11acなどがあります。

d　Wi-Fiは、IEEE 802.11シリーズの無線LAN機器の普及を推進する団体Wi-Fi Allianceが、認証基準に合格している無線LAN機器に使用を認めている名称です。一般に、Wi-Fiと無線LANは同義語として使用されています。無線LANルータとは、無線LANアクセスポイント機能付きのルータのことであり、Wi-Fiを利用することができます（正解）。

要点解説 5 LANを利用した接続

LANの構築

LAN（Local Area Network）は、学内LANや社内LANなどさまざまな場所に構築されています。家庭内でもFTTHなどのインターネット接続がある場合に、ルータなどを導入してLANを構築すると、複数の機器を同時にインターネットに接続させることができます。LANにはケーブルを使用する有線LANもありますが、近年おもに利用されているのがケーブルを使用しない無線LANです。

無線LANの利用

無線LAN（Wi-Fi）は、無線で機器を接続するネットワークまたは方式のことです。親機である無線LANアクセスポイントに、子機であるパソコンなどが接続します。

■家庭における無線LANの利用

FTTH接続の契約を結ぶと、通常、信号変換のために通信事業者から光回線終端装置が提供されます（環境や契約内容によってはVDSL宅内装置などが提供されることもある）。無線LANを利用する場合は、無線LANアクセスポイント機能を持つルータ（**無線LANルータ**などと呼ばれる）を光回線終端装置に接続するといった環境を構築します。光回線終端装置のLANポートとルータのWANポートをLANケーブルでつなぎます。ルータがある場合は無線LANアクセスポイントを導入すると無線LANを利用できます。マンションなどでインターネット接続が利用可能なLANコネクタがある場合は、LANケーブルで無線LANルータを接続します。

■無線LANを利用したインターネット接続イメージ

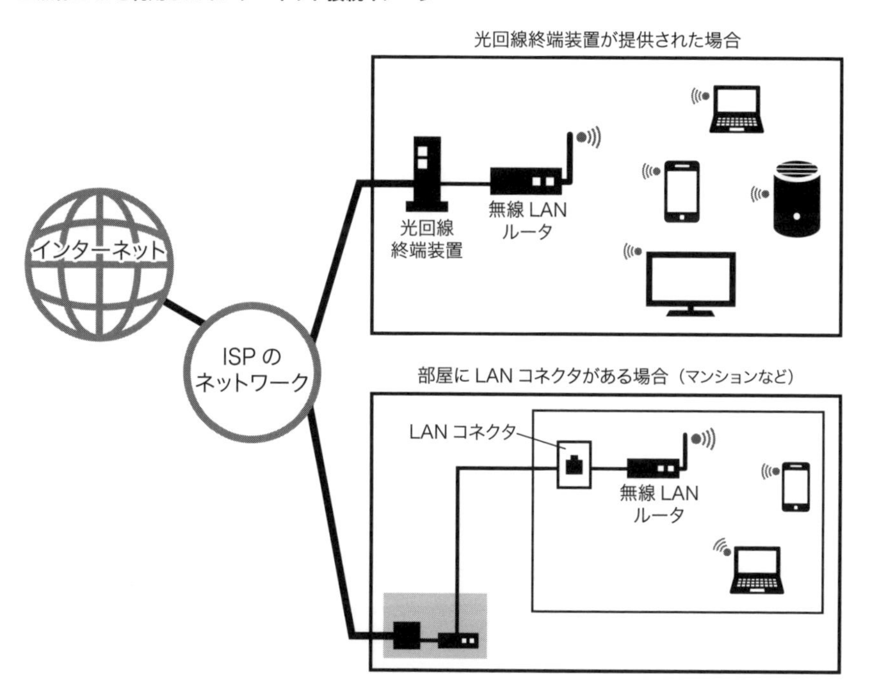

つながりクイズ（124ページ）の答え：① イ ② ウ ③ ア

■ESSID

無線LANアクセスポイントにはネットワークを識別するための**ESSID**(Extended Service Set IDentifier、SSIDと表示されていることもある)が設定されているので、子機は利用する無線LANのESSIDを指定して接続します。無線LANでは、通常、通信内容の盗聴を防ぐためにWPA2などの暗号化方式を用いているので、ESSIDと一緒に暗号化キーも設定します。

■無線LANの接続設定

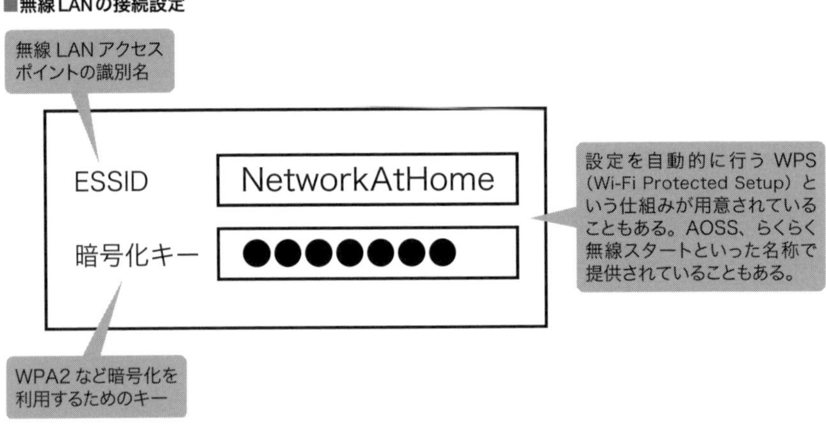

無線LANアクセスポイントの識別名
ESSID
NetworkAtHome
暗号化キー
設定を自動的に行うWPS(Wi-Fi Protected Setup)という仕組みが用意されていることもある。AOSS、らくらく無線スタートといった名称で提供されていることもある。
WPA2など暗号化を利用するためのキー

■無線LANの規格

無線LANにはIEEE 802.11シリーズの規格がもっとも利用されています。規格の種類により利用する周波数帯域や最大通信速度は異なり、比較的新しい規格のIEEE 802.11nは周波数帯域に2.4GHzまたは5GHzを利用し、最大通信速度が600Mbps、IEEE 802.11acは周波数帯域に5GHzを利用し、最大通信速度が6.9Gbpsです。

2.4GHz帯は家電や電子機器も利用するので、電波同士が干渉を起こして通信速度が低下することがあります。5GHz帯は家電などの発生する電波からの影響は受けませんが、伝送距離が短く、障害物の影響を受けやすいといった欠点を持ちます。

なお、無線LANを表す言葉として利用されている**Wi-Fi**は、無線LAN機器の普及を推進する団体Wi-Fi Allianceが所有するブランド名です。Wi-Fi Allianceが示す基準に合格していると認定された無線LAN機器に使用が許可されます。

有線LANの利用

有線LANでは、機器同士をLANケーブルで接続します。光回線終端装置が提供されるFTTHを利用する場合は、ルータを光回線終端装置に接続し、ルータのLANポートにパソコンなどを接続します。インターネット接続のために必要な設定は、OSの機能により自動的に行われます。LANポートの数が不足する場合はハブと呼ばれる分配装置を使用するとより多くの機器を接続することができます。

■有線LANを利用したインターネット接続イメージ

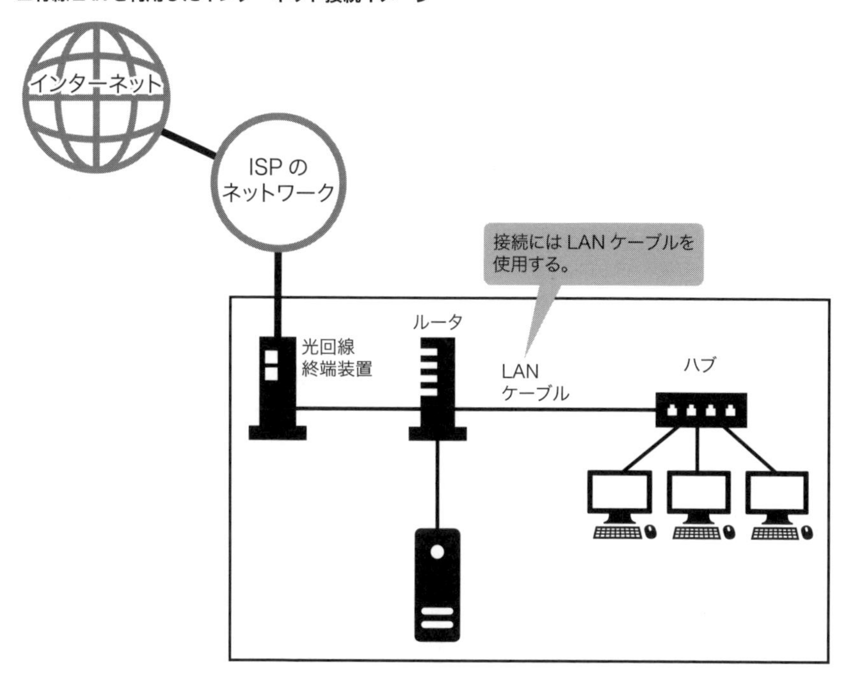

あなうめクイズ

家庭内でLANを構築してインターネットに接続する場合に、以下の（　　）に入るものとしてもっとも適切なものを次の4つから選びましょう。

インターネット――光回線終端装置――（　　　　）――スマートフォン

ア　LANケーブル　　イ　モバイルルータ　　ウ　無線LANルータ　　エ　ハブ

▶125ページの解答　例題1　b　例題2　d

6 ISPまでの回線（ISP、有線回線）

公式テキスト104～107ページ対応

インターネットに接続するには、ISPが提供する接続サービスを利用します。インターネットへのアクセス回線には有線（固定回線）と無線があります。固定回線にはFTTH、ADSL、CATVといった方式があり、無線より通信が安定していることが特徴です。

SAMPLE 例題1 ユーザがインターネットに接続するためには、コンピュータをインターネットと接続するサービスを提供する事業者と契約を結ぶ必要がある。その事業者が、同様の事業者と相互に接続することにより、世界中とのやり取りが可能となる。その事業者を表す用語として**適当なもの**を、選択肢から選びなさい。

- **a** ASP
- **b** CP
- **c** ISP
- **d** SIer

SAMPLE 例題2 以下の図は、ある集合住宅での接続形態を表したものである。収容局から集合住宅内の集合装置までは、光ファイバで接続され、集合装置から各戸までは電話線で接続されている。この回線方式の名称として**正しいもの**を、選択肢から選びなさい。

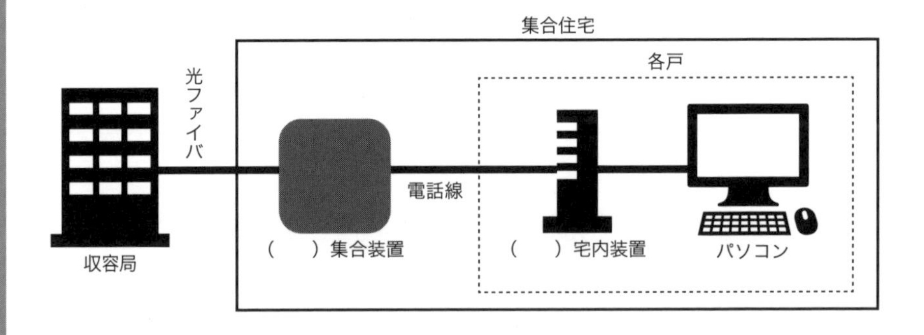

- **a** ADSL
- **b** CATV
- **c** FTTH
- **d** VDSL

CATVインターネット接続サービスの特徴について述べたもののうち**誤ったもの**を、選択肢から選びなさい。

a　多数のユーザで1本の回線を共有する。
b　一般にCATVインターネット接続事業者は、垂直統合型ISPである。
c　CATV局からユーザ宅までは、電話線（メタルケーブル）により接続される。
d　ユーザ宅側の接続機器をケーブルモデムと呼ぶ。

例題の解説

解答は133ページ

例題1　インターネットは無数のネットワークがクモの巣のようにつながって形成されている巨大なネットワークです。インターネット接続サービスを提供する事業者のネットワークはインターネットにつながっていて、ユーザがこのネットワークに接続するとインターネットを利用できるようになります。

a　問題の説明に該当する用語ではありません。ネットワークを介してアプリケーションサービスを提供する事業者のことをASP（Application Service Provider）といいます。

b　問題の説明に該当する用語ではありません。動画・音声配信、電子書籍、ニュース配信など、デジタル化された情報を提供する事業者のことをCP（Contents Provider）といいます。

c　問題の説明に該当する用語です（正解）。ISP（Internet Service Provider）は、家庭や企業、学校などのコンピュータをインターネットに接続するサービスを提供する事業者です。ユーザがISPと契約を結ぶと、ISPの用意するネットワークに接続して、その先にあるインターネットとの通信を行うことができるようになります。

d　問題の説明に該当する用語ではありません。情報システムの構築を請け負うサービスをSI（System Integration）といい、SIを行う事業者を表す言葉としてSIに「～する人」を表す接尾辞「-er」を付けた和製英語がSIerです。

例題2　図中の（　）内には、解答と同じ回線方式の名称が入ります。収容局（家庭などに敷設されている光ファイバなどの通信回線を収容する設備）と集合装置とは光ファイバ、集合装置と宅内装置は電話線でつながっています。宅内装置とパソコンとはLANケーブルでつながっていることが想定されます。

a　ADSL（Asymmetric Digital Subscriber Line：非対称型デジタル加入者線）は、収容局とユーザ宅の間の通信に電話回線（メタルケーブル）を利用する方式で、音声信号にインターネット接続用の信号を重ね合わせて伝送します。ユーザ宅ではADSLモデムを使用します。

b　CATVは、ケーブルテレビ放送用に各戸内に引き込まれた同軸ケーブルに、テレビ信号のほかにインターネット接続用の信号を伝送する方式です。信号を複数に分ける分配器、データ通信用にケーブルモデム、テレビ視聴用にセットトップボックスを使用します。

c　FTTH接続は、Fiber To The Homeとあるように光ファイバを家庭内に引き込む方式です。問題の図では、集合装置までは光ファイバが引き込まれていますが、集合装置から各戸内までは電話線を利用し、別の方式で接続しています。

d　VDSL（Very high-bit-rate Digital Subscriber Line）は、電話回線用のメタルケーブルを用いて高速通信を行う方式で、集合住宅に光ファイバを引き込んだ高速インターネット接続を行う場合の

あなうめクイズ（129ページ）の答え：ウ

各戸との通信に利用されています。VDSL集合装置とVDSL宅内装置を使用します（正解）。

例題3 CATVによるインターネット接続では、テレビ放送用のCATV（ケーブルテレビ）網をデータ通信の信号伝送に利用しています。

a CATVは、1本の回線を多数の加入者向けに分岐させています。そのため、CATVインターネット接続サービスでは1本の回線を多数のユーザで共有することになります。

b インターネット接続事業者（ISP）には、インターネット接続サービスのみを提供する水平分離型ISPと、通信回線サービスとインターネット接続サービスを合わせて提供する垂直統合型ISPがあります。CATVインターネット接続事業者は、通信回線サービスとインターネット接続サービスを合わせて提供するので垂直統合型ISPです。

c CATVインターネット接続では、通信回線としてCATV網を利用します。CATV網では一般にユーザ宅には同軸ケーブルを引き込み、電話線は使いません（正解）。

d ケーブルモデムは、CATV網から送られてきた信号をLAN内の信号に変換します。

要点解説 6 ISPまでの回線（ISP、有線回線）

ISP

一般にインターネットに接続するためには、ユーザのコンピュータとインターネットを接続するサービスを提供する**ISP**（インターネットサービスプロバイダ）という事業者と契約を結ぶ必要があります。ISPは単にプロバイダということもあります。

■ISPによるサービス提供形態

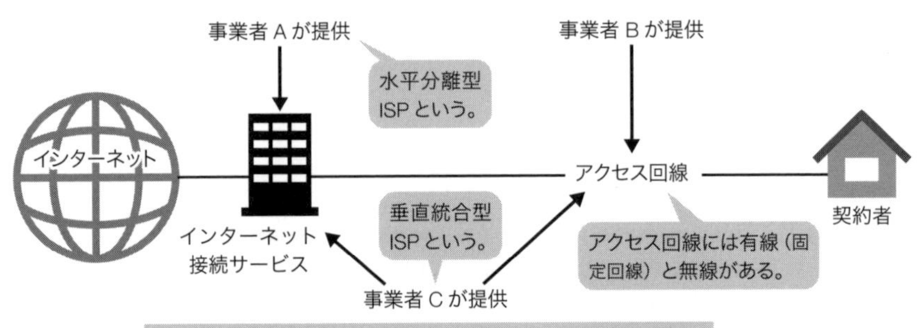

ISPによっては、サービスの契約者にオプションサービスとして、IP電話、電子メール、動画配信、オンラインストレージ、セキュリティ対策、公衆無線LANなどを提供しています。

FTTH

インターネット接続に、ユーザ宅からISPまでのアクセスに固定回線を利用する方式のうち、もっとも普及しているのは**FTTH**（Fiber To The Home）です。FTTHでは、**光信号**を伝送する**光ファイバ**を利用します。収容局から宅内まで光ファイバが配線され、宅内には**光回線終端装置**（**ONU**：Optical Network Unit）を設置します。光回線終端装置は、光信号と、LANで利用する電気信号を相互に変換します。

FTTHは、国内のほぼすべての地域に整備されつつありますが、未整備の地域も一部あります。マンションなどの集合住宅で、建物の構造や規約により利用できないところもあります。

■ FTTHの一般的な接続形態

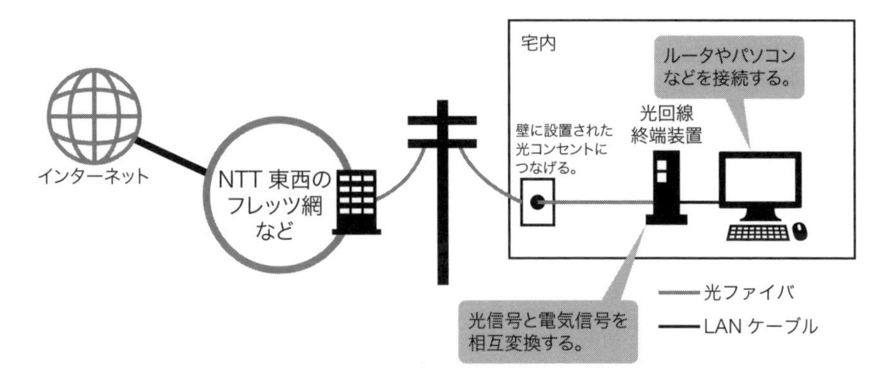

光ファイバは、旧来の電話回線に使用されるメタルケーブルと比べて雑音電波（ノイズ）の影響を受けにくい、距離による光の減衰が少ないという長所があり、通信が安定しています。最大通信速度は100Mbps、1Gbps、2Gbps、10Gbpsなど

ホームゲートウェイ

インターネット接続サービスのユーザ宅に設置されるネットワーク機器で、回線事業者から提供されます。1台に光回線終端装置（ONU）の機能と、インターネット接続に必要な機能（一般の家庭用ルータが備えている機能）が内蔵されています。

▶130、131ページの解答　例題1　c　例題2　d　例題3　c

サービスによって異なります。

■集合住宅におけるFTTH

マンションなどの集合住宅では、建て方や規約により配線方式が異なります。共有部まで光ファイバを引き込み、そこから各戸までは、光配線方式、LAN配線方式、VDSL方式のいずれかを利用します。

■集合住宅におけるFTTHの接続例

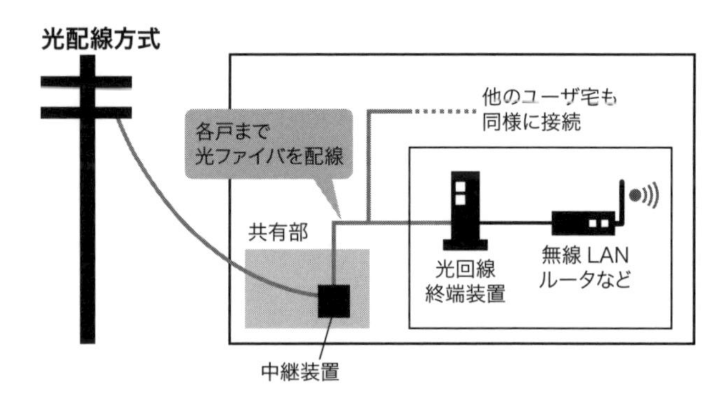

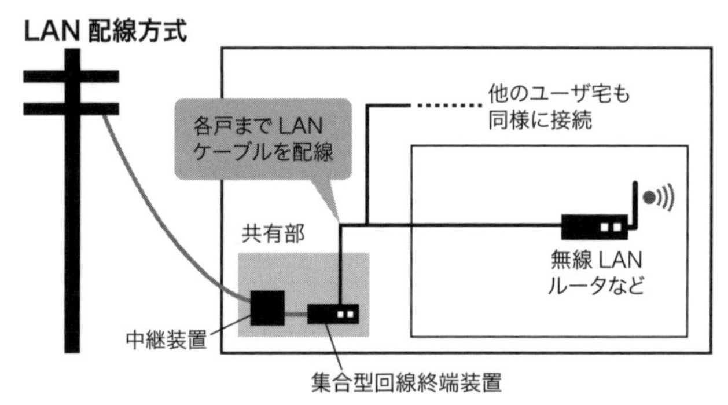

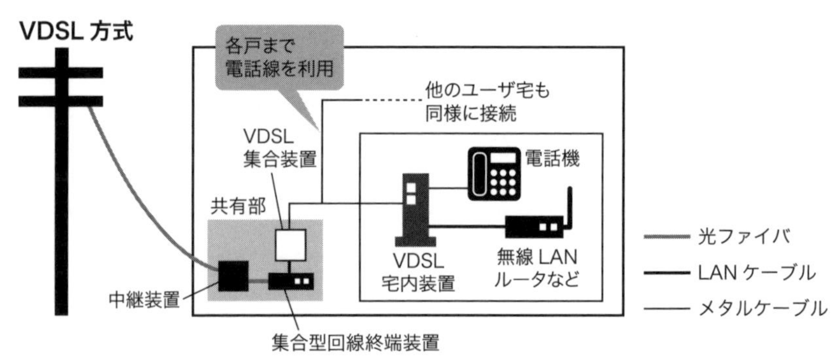

■ VDSL方式

VDSL（Very high-bit-rate Digital Subscriber Line）は、共有部から各戸までの通信に電話回線用のメタルケーブルを利用する方式です。データ通信用の信号は音声とは異なる高い周波数帯を利用するので音声通話用の信号と混信（信号が混ざること）することはありません。メタルケーブルは雑音電波の影響を受けやすく、距離による減衰があるのが欠点ですが、VDSLでは利用距離が比較的短いので距離による影響は少なく、下り最大通信速度は100Mbpsです。

VDSLに一般加入電話を併用する場合、電話機からの雑音が通信に影響を及ぼさないようにインラインフィルタを設置します。なお、一般に、インラインフィルタの機能はVDSL宅内装置に内蔵されています。

FTTH以外の固定回線

ユーザ宅からISPまでのアクセスに固定回線を利用する方式には、**CATV**（ケーブルテレビ）の回線網を利用する方式、電話回線（メタルケーブル）を利用する**ADSL**（Asymmetric Digital Subscriber Line）方式もあります。

■ CATV

テレビ放送用のCATVの回線を利用して接続する方式では、ユーザ宅に同軸ケーブルを引き込み（FTTHを利用することもある）、信号変換用のケーブルモデムを設置します。通信速度はケーブルテレビ会社によって異なりますが、下りで最大320Mbpsのサービスがあります。

■ CATVの一般的な接続形態

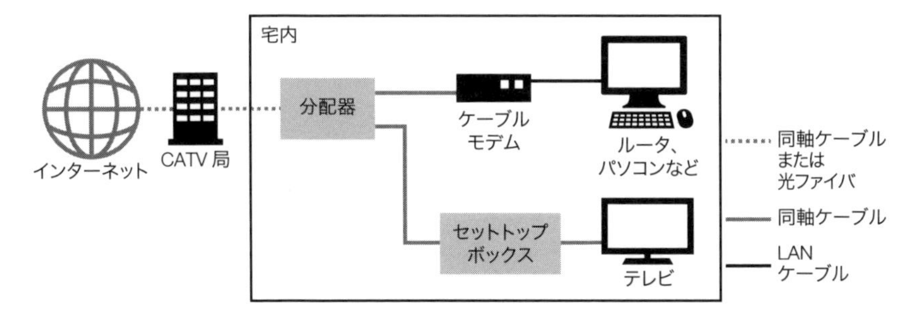

■ ADSL

ADSLは、VDSLと同じように電話回線用のメタルケーブルに音声信号とデータ通信用の信号を重ねて流します。周波数帯が異なるので混信しないのもVDSLの場合と同じです。スプリッタで音声と通信データ信号を分離し、ADSLモデムで信号を変換します。ADSLは上りと下りで通信速度が異なり、下りのほうが高速です。下りの最大通信速度が50.5Mbpsのサービスもありますが、実際は収容局からの距離などの影響でこれよりも遅くなります。ADSLは今後、サービス提供が終了していく予定です。

■ ADSLの一般的な接続形態

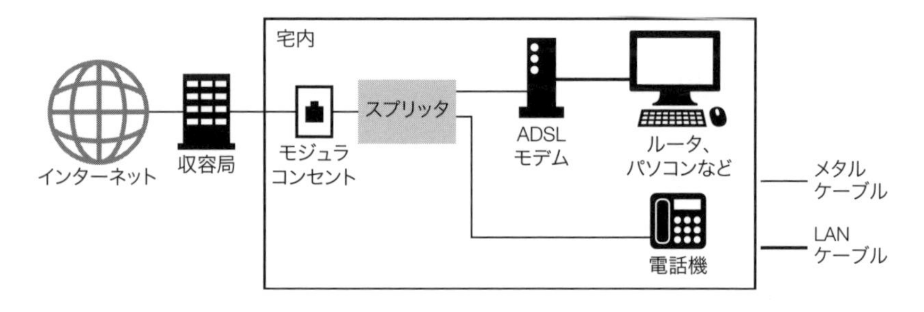

つながりクイズ

関係の深い項目を線でつなぎましょう。

① FTTH接続・	・ア 電話線を利用
② VDSL接続・	・イ ケーブルテレビ網を利用
③ CATV接続・	・ウ 光ファイバを利用

7 ISPまでの回線(移動体通信ネットワーク)

公式テキスト108〜110ページ対応

スマートフォンの普及により、インターネットへの接続に移動体通信を利用する方式が一般的になりました。通信方式には、スマートフォン以前より利用されていた3G、現在の主流である4G、次世代の5Gなどがあります。

例題1 移動体通信に関して**正しい記述の組み合わせ**を、選択肢から選びなさい。なお、伝送速度については規格上のものとし、個別の環境は考慮しないこととする。

(1) 一般的に下りより上りのほうが最大通信速度が遅い。
(2) 一般的に下りより上りのほうが最大通信速度が速い。
(3) LTEよりLTE-Advancedのほうが最大通信速度が速い。
(4) LTEより5Gのほうが最大通信速度が速い。

a (1)(3)
b (2)(4)
c (1)(3)(4)
d (2)(3)(4)

例題の解説

解答は141ページ

例題1 移動しながらデータ通信を行うことができる移動体通信では、LTEやLTE-Advancedなどの4G（第4世代移動通信システム)、5G（第5世代移動通信システム）などの通信方式が利用されています。なお、LTEは一般に4Gに分類されていますが、厳密には3Gと4Gの間の規格で、3.9Gと呼ばれることもあります。

(1) 4Gや5Gのサービスでは、上り最大通信速度と下り最大通信速度を比べると、下り最大通信速度のほうが速くなっています（正しい)。たとえば、NTTドコモが提供する4Gサービスの技術規格上の通信速度は、下り最大1.7Gbps、上り最大131.3Mbpsです。

(2) 上記のように、上り最大通信速度のほうが速いということはありません（誤り)。

(3) LTE-Advancedは、LTEをさらに高速化させた規格です。LTEの規格上の下り最大通信速度は300Mbpsであり、LTE-Advancedの規格上の下り最大通信速度は3GbpsとLTEの10倍の速さです（正しい)。

(4) 5Gは4Gの次世代規格として開発され、LTEよりさらに高速です（正しい)。規格上の通信速度はNTTドコモの5Gサービスの場合、下り最大4.1Gbps、上り最大480Mbpsです。

したがって、(1)、(3)、(4)が正しい記述です（**c**が正解)。

要点解説 7 ISPまでの回線（移動体通信ネットワーク）

LTE、LTE-Advanced

スマートフォンなどのモバイル機器での利用に適した移動体通信にはさまざまな通信方式があります。現在もっとも普及しているのがLTEとLTE-Advancedのサービスです。

LTE（Long Term Evolution）は、携帯電話で利用されてきた3Gという通信方式をさらに高速化させた規格です。仕様上の最大通信速度は下りで300Mbpsです。LTEの後継規格がLTE-Advancedで、仕様上の最大通信速度はLTEよりさらに高速で、下り3Gbpsです。LTE-Advancedは4G（4th Generation：第4世代移動通信システム）という通信規格に区分されています。LTEも4Gとされていますが、厳密には3Gと4Gの間の技術で3.9Gのようにいわれます。

■通信料金と通信速度制限

高速のLTEはデータ通信量が多くなりがちなので定額制のサービスが提供されています。一定以上の通信量を超えた場合にデータ通信速度を制限されます。たとえば、「7GBを超える通信は下り最大128kbps」のような制限がかかります。

■VoLTE

LTEのネットワークでは、音声通話を**VoLTE**という技術により実現しています。

■周波数帯域

国内のLTEが利用する周波数帯域（電波が利用する周波数の範囲）は、800MHz前後、1.5GHz帯、1.7GHz帯、2GHz帯で、エリアにより異なります。800MHz前後の帯域は障害物に強く、高い周波数の帯域より電波が届きやすいという特徴を持ち、「プラチナバンド」と呼ばれます。

プライベートLTE

LTE技術を利用して限られた範囲に無線通信ネットワークを構築するシステムです。企業などが自社専用のネットワークを運用するために利用されます。Wi-Fiよりノイズの影響が少なく、SIMカードを使った認証により通信の安全性を高めることができます。

3G

3G（3rd Generation：第3世代移動通信システム）は、おもに携帯電話向けの移動体通信ネットワークで利用されてきた規格です。3Gのうち、より高速な規格によるサービスでも、規格上の下り最大通信速度が14MbpsとLTEと比べて低速です。以前はつながるエリアの広さがメリットでしたが、LTEのネットワークが広がり、各通信事業者は3Gサービスの終了を発表しています。

5G

4Gの次世代規格が**5G**（5th Generation：第5世代移動通信システム）です。2020年にサービス提供が開始され、今後普及が進むことが予想されています。5Gの特徴は、高速・大容量であること、遅延が少ないこと、多数の端末との同時接続が可能なことです。

5Gの利用により多くのサービスや技術の質がさらに向上することが期待されています。具体的には、スポーツやコンサートなどのライブビューイング、IoT、VR、AR、自動運転、遠隔医療などです。

5Gはサービス提供が始まったばかりですが、すでに5Gの次世代の移動通信システム6G（beyond 5G）の研究開発が進められています。

WiMAX 2

その他の移動体通信の方式に、基地局からの電波の届く範囲が比較的広いWiMAX 2があります。WiMAX 2は、モバイルWiMAXという規格の後継として登場し、4Gに区分されます。日本ではKDDIグループのUQコミュニケーションズがサービスを提供し、規格上の最大通信速度は下り440Mbpsです。

つながりクイズ（136ページ）の答え：① ウ ② ア ③ イ

8 Webの仕組み

公式テキスト111〜114ページ対応

インターネット上では、さまざまな情報をWWWまたはWebという仕組みを利用して閲覧することができます。Webで提供される情報の単位がWebページ、閲覧するためのアプリケーションソフトがWebブラウザです。

あるWebブラウザの「ポップアップブロック」という機能の説明として、**誤っているもの**を、選択肢から選びなさい。

a　ポップアップブロックにより、自動的に広告ウィンドウなどが表示されることを防ぐことができる。

b　ポップアップブロックはInternet Explorerに特有の機能で、他のブラウザにこの機能はない。

c　ポップアップブロックは、サイトごとに許可／不許可を設定することができる。

d　ポップアップブロック機能の目的の1つに、「ブラウザクラッシャ」の防御があげられる。

例題2　Webの仕組みについての説明として**誤っているもの**を、選択肢から選びなさい。

a　Webでは、あるWebページから別のWebページを参照するためにハイパーリンクという仕組みを利用している。

b　Web上のハイパーリンクでは、参照先のWebページをURLの形式で指定している。

c　httpsで始まるURLを指定する場合、WebブラウザとWebサーバ間の通信内容が暗号化される。

d　アニメーションや動画などのコンテンツは、Adobe Flashなどの外部プログラムを呼び出す必要があり、Webブラウザだけでは再生できない。

例題の解説

解答は143ページ

例題1 Webサイトの閲覧中に、閲覧中のウィンドウとは別に、お知らせや広告などの新しいウィンドウが自動表示されることがあります。このように自動的に新たにウィンドウを表示させる仕組みや、表示されるウィンドウのことをポップアップといいます。Webブラウザには、ポップアップを自動的に表示させない機能があり、これをポップアップブロックといいます。

a ポップアップブロックについての正しい説明です。ポップアップを利用した広告などは、利用者の意図と無関係に表示されて煩わしく感じることがあります。ポップアップブロックを利用することにより、これらの表示を制限することができます。

b ポップアップブロックは多くのWebブラウザが持つ機能で、Internet Explorer特有の機能ではありません（正解）。

c 主要なWebブラウザでは、サイトごとにポップアップの表示の許可／不許可を設定できるようになっています。

d 「ブラウザクラッシャ」は、ポップアップを無数に繰り返すことで、WebブラウザやOSに異常現象を起こさせようとする悪質なプログラムやWebページのことです。ブラウザクラッシャ対策の1つとして、ポップアップブロックが有効です。

例題2 インターネットでは、さまざまな情報が、互いに連結された状態で公開されています。このような仕組みを、クモの巣をたどるように情報を次々と閲覧できることから、World Wide Web（WWW）またはWebと呼びます。

a ハイパーリンクは、関連する別の文書を容易に参照できるように、元の文書に埋め込まれる参照情報です。WebにおいてWebページからWebページへの参照にはハイパーリンクが利用されています。

b URLは、インターネット上の情報が格納されている場所を示すために使用される文字列です。URLは形式が決まっており、Webページの場合は、http://www.example.com/index/のように指定されます。WebブラウザでURLを指定すると、URLで指定されたWebページを管理するWebサーバとWebブラウザの間で通信を行い、Webページ表示のためのデータをやり取りします。

c WebブラウザとWebサーバ間の通信は、基本的にHTTPという通信プロトコルに従って行われますが、HTTPには通信内容を暗号化する仕組みがなく、セキュリティ上の問題が生じる可能性があります。これを解決するために、重要な情報を安全にやり取りするための通信プロトコルとして、HTTPに暗号化の仕組みを追加したHTTPSが利用されます。HTTPSを利用して暗号化通信を行う場合のURLは、httpsで始まります。

d Webページの記述にはHTMLという言語を使用します。最新のバージョンがHTML5です。以前のバージョンのHTMLでは、アニメーションや動画などの動きのあるコンテンツを再生するにはAdobe Flashなどの再生のためのプログラムを呼び出す必要がありましたが、HTML5の登場によりWebブラウザだけでこれらのコンテンツを表示できるようになりました（正解）。

▶137ページの解答　例題1　c

要点解説 8 Webの仕組み

Webページと Webブラウザ

インターネット上に公開されている情報は、**ハイパーリンク**という仕組みにより相互に関連付けられ、張り巡らされたクモの巣をたどるように閲覧することができます。このような公開・閲覧のためのシステムを**WWW**（World Wide Web）や**Web**（「ウェブ」と読む）といいます。

ハイパーリンクは別の文書などを参照するための情報で、Webの場合はURLで指定されています。ハイパーリンクのリンクとは「連結」という意味です。

■ハイパーリンク

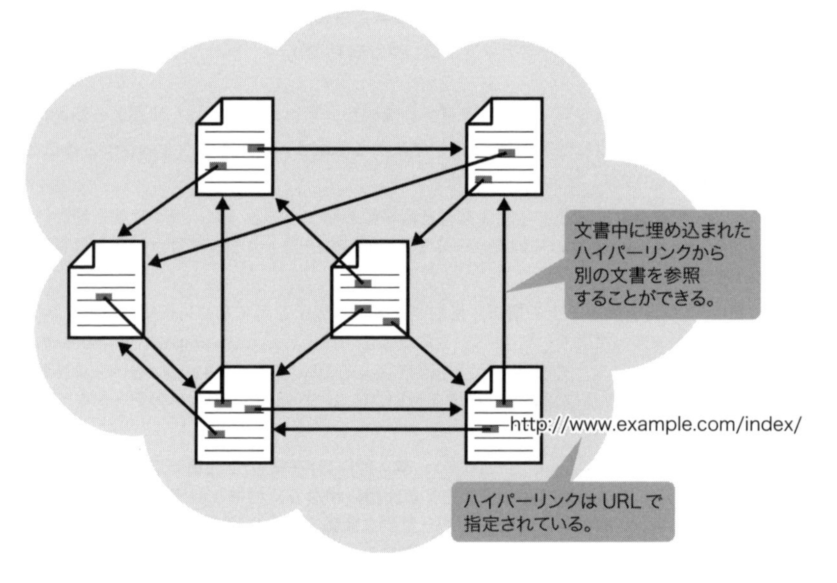
文書中に埋め込まれた
ハイパーリンクから
別の文書を参照
することができる。
http://www.example.com/index/
ハイパーリンクは URL で
指定されている。

インターネット上の情報は、**Webページ**という形式で提供されます。**URL**（Uniform Resource Locator）は、インターネット上でWebページが保存されている場所を表すものです。URLは、「http://」や「https://」（「https://」は暗号化通信で利用される）で始まり、半角で入力します。Webページは**Webサーバ**というコンピュータに保存され、閲覧には**Webブラウザ**というアプリケーションソフトを利用します。

いっしょに覚えよう

クライアント、サーバ

インターネットで提供されるサービスは、WebサーバとWebブラウザのように、サービスを提供する側と提供される側（利用者）に分かれます。一般に、提供する側をサーバ、提供される側をクライアントといいます。

FTP

Webページを公開するには、WebサーバにWebページのデータを置いておく必要があります。WebページをWebサーバへ転送する際に利用される通信プロトコルが、FTP（File Transfer Protocol）です。

■**Webページ閲覧の仕組み**

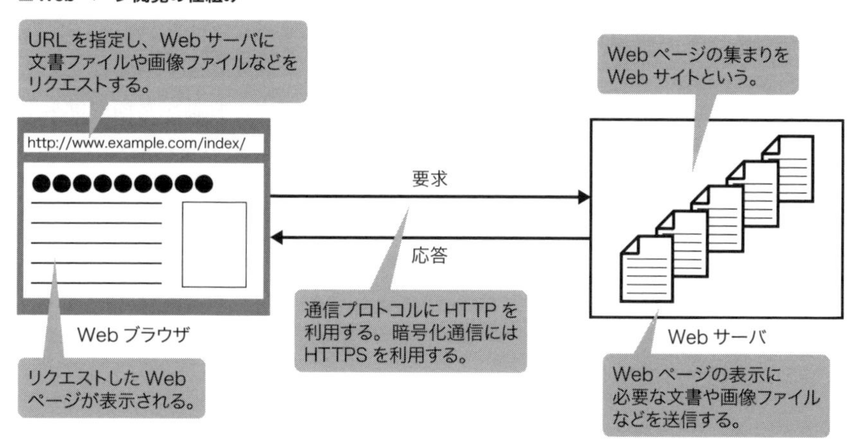

URLを指定し、Webサーバに文書ファイルや画像ファイルなどをリクエストする。
http://www.example.com/index/
Webページの集まりをWebサイトという。
要求
応答
Webブラウザ
通信プロトコルにHTTPを利用する。暗号化通信にはHTTPSを利用する。
Webサーバ
リクエストしたWebページが表示される。
Webページの表示に必要な文書や画像ファイルなどを送信する。

Webブラウザと Webサーバ間のデータのやり取りは、**HTTP**（HyperText Transfer Protocol）という通信プロトコル（通信規約）に従って行われます。暗号化通信の場合はHTTPに暗号化技術のSSL/TLSを追加した**HTTPS**を利用します。

Webページの記述

Webページは、文書ファイルと、その他の画像ファイルなどで構成されます。文書ファイルには、**HTML**（HyperText Markup Language）という言語を使用し、文書内には文書の構造やハイパーリンク、表示する画像コンテンツの指定などが記述されます。HTMLはW3Cという組織が規格を策定しており、最新バージョンはHTML5です。HTML5の登場により、これまでAdobe Flashなどのプログラムを利用しないと再生できなかったアニメーションや動画などをWebブラウザだけで表示できるようになりました。

Webページの作成には、HTMLのほかに、見栄えに関する指定を行うための

▶140ページの解答　例題1　b　例題2　d

CSS、Webページに動きを付けるためのJavaScriptという言語も使用されています。

Webブラウザ

Webの閲覧に利用するWebブラウザは、スマートフォンやパソコンを始め、ゲーム機やテレビなどにも搭載されています。通常はOSに対応するWebブラウザが標準で搭載されていますが、サードパーティ製のWebブラウザをインストールすることもできます。Webブラウザの種類によって操作性や表示速度、追加機能、対応OSが異なり、コンテンツを音声や点字で表現するWebブラウザ、文字のみで表現するWebブラウザもあります。

■代表的なWebブラウザの種類

代表的なWebブラウザの種類には、世界でもっとも利用されているグーグル社のGoogle Chrome、アップル社製品用のSafari、世界中の有志が共同で開発しているMozilla FoundationのFirefox、Windows 10から標準に搭載されるようになったマイクロソフト社のEdgeおよびWindows 8.1まで標準搭載されていたInternet Explorerなどがあります。

各社が提供するアカウントサービスにログインすると、異なる機器で行う操作を同期させることができます。たとえばGoogle ChromeではGoogleアカウントでログインすると、スマートフォンでもパソコンでも同じブックマークの利用や閲覧履歴の確認が可能です。

Webブラウザの機能

Webブラウザが基本的に備える機能は、アドレスバーへのURLの入力やハイパーリンクの指定によるWebページの表示、検索機能、前のページや次のページを表示する機能、複数のページを表示するタブ機能です。そのほか、利用者の利便性や安全性を高めるためにさまざまな機能を備えています。

■ブックマーク

一度閲覧したWebページを再度見られるように、WebページのURLを保存する機能を**ブックマーク**やお気に入りといいます。閲覧中にアイコンのクリックなど手軽な操作で保存することができ、保存したブックマークは、フォルダを利用した階層的な分類、表示名の変更、削除などを行うことができます。

■Cookie

Webサイトにアクセス（閲覧）するユーザを管理するために、Webサーバが発行する情報が**Cookie**（クッキー）です。閲覧時にWebサーバが送信し、ユーザの機器に保存されます。Cookieにはログインに利用するユーザ名とパスワード、Webサイトの設定情報やプロフィール情報などユーザにかかわる情報が格納されます。次回アクセス時などに保存されたCookieが送り返され、その情報をもとにログイン手続きの省略やユーザに最適化された情報の表示などを行います。

Cookieは Webブラウザごとに保存されます。有効期限を指定されたCookieの場合は、期限が切れたら自動的に削除されます。

■キャッシュされた画像とファイル

Webページを閲覧すると、閲覧のために一度ダウンロードされた画像ファイルやHTML文書ファイルがユーザの機器に保存されます。このように一時的に保存することや保存されたファイルを**キャッシュ**といいます。次に同じWebページを表示する際に、キャッシュがあると表示時間を短縮できます。キャッシュのデータをインターネット一時ファイルということもあります。

■閲覧履歴・入力内容の保存

過去に閲覧したWebページの履歴情報は一定期間保存されます。また、検索キーワード、入力フォームに入力した内容、ログイン用のIDとパスワードなどが保存されていきます。これらの情報を削除することもできます。

■ポップアップブロック

Webブラウザの利用中に、広告や警告を目的として自動的に表示されるポップアップを表示させないようにする機能を**ポップアップブロック**といいます。ポップアップは利用者の意図とは無関係に新しく開かれるウィンドウです。ウィンドウを次々と表示させることでWebブラウザやOSに異常な動作をさせるブラウザクラッシャという悪質なプログラムもあり、ポップアップの表示により不正なプログラム（マルウェア）を自動的にインストールさせるものもあります。ポップアップブロックによりこれらの被害を防ぐことができます。なお、ポップアップブロックは、サイトごとに許可／不許可を設定することができます。

■プライバシーモード

プライバシーモードでWebブラウザを利用すると、閲覧履歴や入力内容を保存せず、Webブラウザの終了時にこれらのデータを自動的に削除することができます。共用パソコンなど、セキュリティ上、個人情報などを残したくない場合に利用が推奨されます。シークレットモード、InPrivateブラウズ、プライベートブラウジングなどWebブラウザごとに名称は異なります。

9 電子メールの仕組み

公式テキスト115～116ページ対応

電子メールは、インターネットを利用し、メールアドレスを宛先にしてメッセージを交換するサービスです。文章（テキスト）の送信のほかに、画像ファイルなどを添付ファイルとして送ることができます。

SAMPLE 例題1 以下の記述のうち、電子メールの機能として**通常できないこと**はどれか、選択肢から選びなさい。

a ファイルを添付して送る。
b 同じメールを同時に複数の宛先に送る。
c メーリングリストで、1つの宛先アドレスで複数の宛先に送れるように設定する。
d 相手のメールサーバに届いたメールを､取り消すために送信者が削除する。

次の説明が**表しているもの**を、選択肢から選びなさい。

電子メールを送信するために必要な宛先を特定するもの。「@」を含む英数字と記号の組み合わせで、「@」より前が個人を識別するローカル部で、「@」より後ろが組織名やプロバイダ名などを識別するためのドメイン名である。

a URL
b 認証ID
c ボイスメール
d メールアドレス

例題の解説

解答は149ページ

例題1 電子メールは、利用者を識別するためにメールアドレスを利用して、テキストメッセージなどを送受信するサービスです。

a 電子メールにはファイルを添付して送受できます。なお、添付できるファイルの容量には上限があり、利用するサービスごとに異なります。

b 電子メールは､複数のメールアドレスを宛先に指定することができます。メールソフトでは、カンマやセミコロンで区切って複数のメールアドレスを入力します。また､送信する相手によってTO、CC、BCCを使い分けることもできます。

c　メーリングリストは、1つの宛先アドレスで複数の宛先に電子メールを同報する仕組みです。専用のメールアドレスに送信すると、メーリングリストに登録されているすべての宛先に送信されます。

d　自分のメールアドレスに届いたメール（受信したメール）を削除することはできますが、自分が送って送信先のメールサーバに届いたメールを取り消す（削除する）仕組みはありません（正解）。

例題2　インターネットでは、宛先や所在地を表すためにさまざまなアドレスを使用しています。アドレスに「@」を使用するのは、電子メールの送受信に利用されるメールアドレスです。

a　URLは、Webページが保管されている場所を表すために利用されます。「http://」や「https://」から始まります。

b　インターネット接続サービスを始め、さまざまなサービスでは、サービスの正当な利用者であることを確かめるために認証という手段を利用します。一般の認証で利用されるのが認証IDとパスワードの組み合わせの検証です。認証IDは利用者を識別する文字列であり、通常は重複しないように割り当てられます。

c　ボイスメールは、音声メッセージを蓄積して転送したり、留守番電話のように相手が電話に出られないときに音声メッセージを保存できたりするサービスです。

d　問題の説明が表しているものはメールアドレスです（正解）。メールアドレスは、電子メールの送信元と宛先を示すために必要な情報です。

要点解説 9 電子メールの仕組み

電子メール

電子メールは、インターネットなどのネットワークを経由してメッセージを交換するシステムです。単に**メール**ともいいます（eメール、e-mailと表記されることもある）。電子メールの宛先には**メールアドレス**を利用します。電子メールの基本的な構成は、宛先（および差出人）、件名、本文です。

■メールアドレスの例

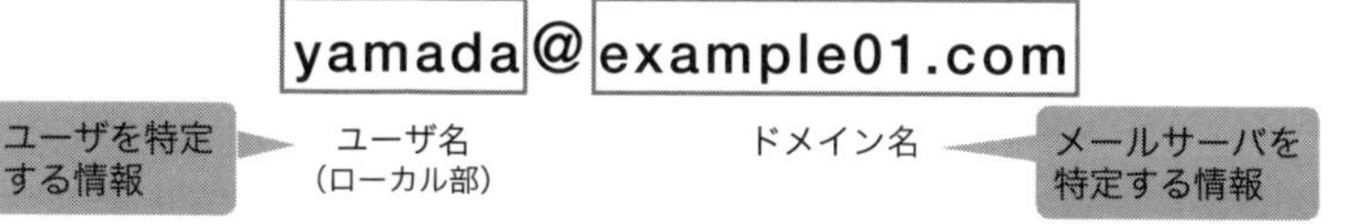

■電子メールの構成

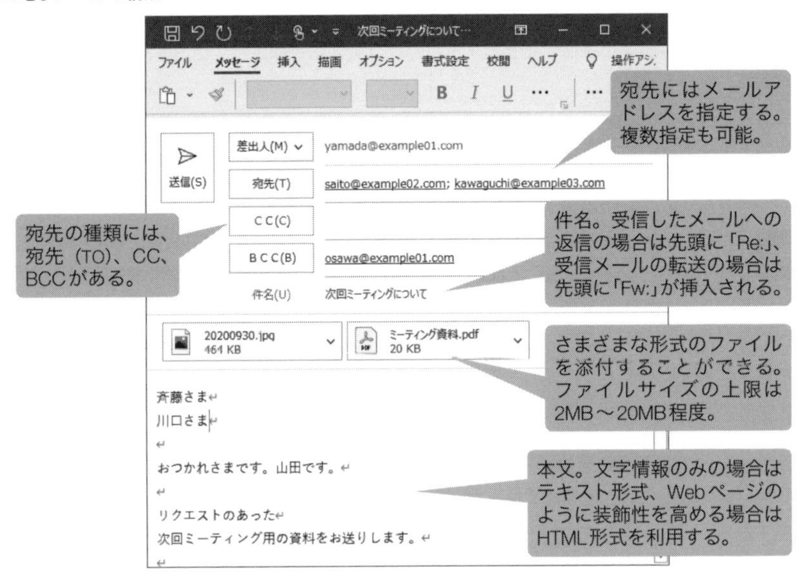

一般にメールアドレスに使用できる文字種は半角英数字と一部の記号です。使える記号はプロバイダによって異なり、「@」のように用途が決められている記号は利用不可、「.」は先頭と末尾には使えないといった制限があります。

■メールの宛先

宛先の種類には、宛先（TO）、CC（Carbon Copy）、BCC（Blind Carbon Copy）の3つの種類があり、送る目的によって使い分けます。

■宛先の種類

種類	内容
宛先（TO）	本来メッセージを送りたい相手のメールアドレスを指定する。
CC	参考として知らせておきたい相手のメールアドレスを指定する。
BCC	参考として知らせておくが、TOやCCに指定した宛先の相手には知らせたくない相手のメールアドレスを指定する。BCCに指定したメールアドレスは、TOやCCで送った相手にはわからないので、返信や転送の際に注意が必要。

電子メール送受信の仕組み

電子メールは、**メールサーバ**（メールやり取りのための専用のコンピュータ）を経由して宛先に届きます。メールサーバとのやり取りで利用される基本的な通信プロトコルには、メールサーバへの送信やメールサーバ間の転送のための**SMTP**（Simple Mail Transfer Protocol）、メールサーバからメールをダウンロードするための**POP3**（Post Office Protocol version 3）、受信したメールをメールサーバに置いたまま参照できる**IMAP**（Internet Message Access Protocol）があります。なお、送受信にWebブラウザを利用する**Webメール**では、Webサーバがメールサーバとの通信を行います。

■電子メール送受信の仕組み

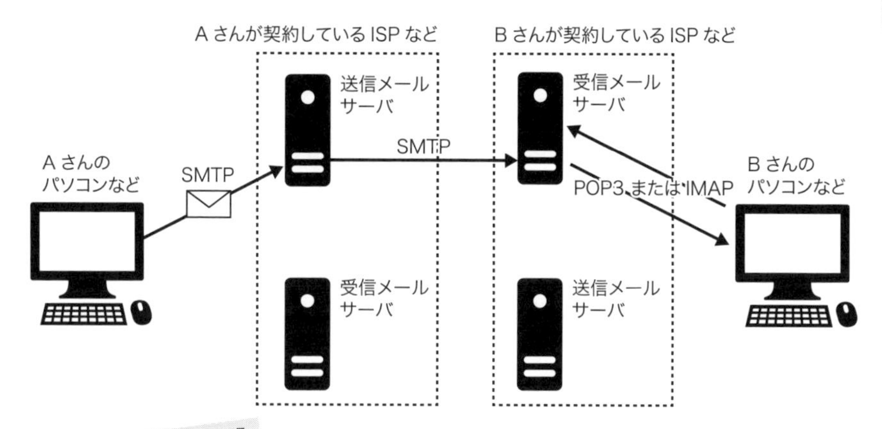

SMS

SMS（Short Message Service）は、携帯電話番号を宛先に短いメッセージを送信できるサービスです。インターネットではなく携帯電話回線網を使用し、一度に送信できる文字数は、全角で670文字程度です（2019年9月に仕様変更）。

メーリングリスト

1つのメールアドレスを宛先にして複数の宛先に同時に送ることのできるサービスです。

メールルール

メールソフトなどがメールの整理のために備える機能です。メールアドレスや件名にある文字列を条件として、フォルダへの振り分けなどを自動的に行います。

つながりクイズ

関係の深い項目を線でつなぎましょう。

① URL・	・ア http://www.example.com/index/
② メールアドレス・	・イ 192.168.1.100
③ IPv4アドレス・	・ウ user01@example.com

▶146ページの解答　例題1　d　例題2　d

10 クラウドサービスとは

公式テキスト117～122ページ対応

コンピュータで利用するデータやソフトウェアをインターネット上に置いておき、インターネット経由でこれらを利用する形態をクラウドコンピューティングといい、このように提供されるサービスをクラウドサービスといいます。

SAMPLE
例題1 クラウドサービスの説明として**適当なもの**を、選択肢から選びなさい。

a 1つの端末に閉じて利用するサービスで、通常利用時にインターネットに接続する必要はない。
b サービス提供するサーバの所在が、ユーザに明確にされている。
c 一般にPC向けのサービスで、スマートフォンなどでの利用は想定されていない。
d Googleが提供するクラウドサービスの例として、Googleドライブ、Gmailなどがある。

例題2 次の説明に**当てはまるもの**を選択肢から選びなさい。

クラウドサービスを提供する事業者は、さまざまな形態でサービスを提供している。その1つにアプリケーションなどのソフトウェアをサービスとしてユーザに提供する形態がある。この形態で提供されるサービスのうち、個人ユーザに身近なものとして、オンラインストレージやWebメール、オンラインオフィスソフトなどがあげられる。

a SaaS
b PaaS
c APN
d AWS

例題の解説

解答は153ページ

例題1　クラウドサービスでは、サービス提供に必要なハードウェア、ソフトウェア、データなどをインターネット上に置いておき、ユーザはインターネットを通したやり取りにより、サービスを利用します。

a　クラウドサービスの利用はインターネットに接続していることが必須です。なお、1つの端末に閉じてサービスを利用する形態は「スタンドアローン」と呼ばれます。

b　クラウドサービスは、サービス提供するサーバがインターネットのどこに設置されているのかはわからないが、インターネットに接続すれば利用できることが特徴のサービスです。

c　PC（パソコン）に限らず、スマートフォン、タブレットを含め、インターネット接続機能のある機器であれば、クラウドサービスを利用することができます。

d　Googleはアカウントを取得したユーザに対してさまざまなクラウドサービスを提供しています。Googleドライブはデータを記録・保存しておくストレージ領域を、インターネット上で提供するオンラインストレージサービスです。Gmailはフリーメールサービスで、メールの作成や送受信の操作をインターネット上で提供するWebメールサービスでの利用が可能です（正解）。

例題2　クラウドサービスは、例えるならば、パソコンのようなコンピュータをインターネット経由でレンタル利用するようなものです。クラウドコンピューティングでは、コンピュータ利用のどの部分をクラウドサービスとして提供するかによりいくつかのモデルに分類することができ、「提供されるもの as a Service」を略した「アルファベット aaS」のように表しています。

a　提供されるサービスがアプリケーションなどのソフトウェアであるモデルは、Software as a Serviceを略したSaaSです（正解）。パソコンで例えると、利用したいソフトウェアがインストールされた状態のものをクラウドサービスとして利用する形態といえます。

b　PaaS（Platform as a Service）は、OSやハードウェアなどのプラットフォーム（コンピュータを利用するための基礎となる部分）をクラウドサービスとして提供するモデルです。ユーザはプラットフォーム上でアプリケーションソフトの開発などを自由に行うことができます。パソコンで例えると、コンピュータ本体とWindows OSがインストールされたものを利用する形態といえます。なお、開発のためのハードウェア環境のみをクラウドサービスとして提供し、OSはユーザ自身が導入するモデルもあり、これをIaaS（Infrastructure as a Service）といいます。

c　APN（Access Point Name：アクセスポイント名）は、LTEなどの移動体通信ネットワークを経由してインターネット接続サービスを利用する場合、利用契約のある通信事業者を識別するために、スマートフォンなどの機器に設定する情報です。

d　AWSはAmazonが提供するクラウドサービスです。**b**で解説したPaaSやIaaSの代表的なサービスであり、同様のサービスにMicrosoft Azure、GCPなどがあります。企業などは、AWSなどのクラウドサービスを利用することにより、情報システムの開発や運用の際に必要な環境や設備などを自前で準備する必要がなくなります。

つながりクイズ（149ページ）の答え：① ア　② ウ　③ イ

要点解説 ⑩クラウドサービスとは

クラウドサービス

コンピュータの利用方法は、インターネット通信の発達と普及に伴い、多くがクラウドコンピューティングへと移行しました。**クラウドコンピューティング**は、コンピュータの稼働に必要なハードウェア（機械としてのコンピュータ）、ソフトウェア、データ類をインターネット上のどこか（クラウドという）に置いておき、利用者はインターネット経由でこれらの機能を利用する形態のことです。

クラウドコンピューティングによりインターネット経由で提供されるさまざまなサービスのことを**クラウドサービス**といいます。クラウドサービスを利用するために利用者に必要なのは、インターネット接続できる環境と、サービスを操作するためのパソコンやスマートフォンなどのクライアント端末です。クラウドサービスを提供するクラウド事業者は、サービス提供に使用するコンピュータやネットワーク装置類を**データセンタ**という施設に置いて管理しています。

■クラウドサービスの利用

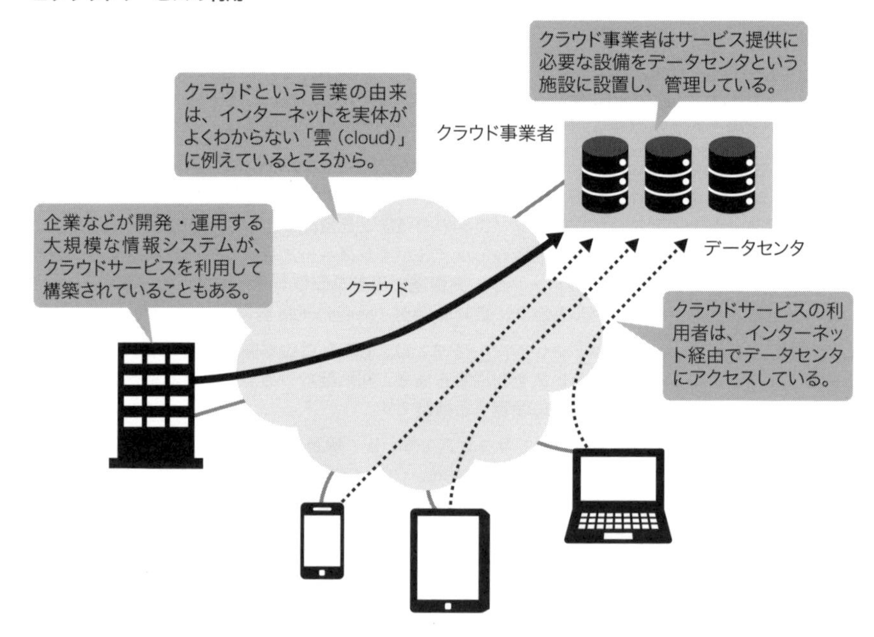
クラウド事業者はサービス提供に必要な設備をデータセンタという施設に設置し、管理している。
クラウドという言葉の由来は、インターネットを実体がよくわからない「雲（cloud）」に例えているところから。
クラウド事業者
企業などが開発・運用する大規模な情報システムが、クラウドサービスを利用して構築されていることもある。
データセンタ
クラウド
クラウドサービスの利用者は、インターネット経由でデータセンタにアクセスしている。

■クラウドサービスの形態

提供されるクラウドサービスの種類によって、SaaS、PaaS、IaaSのように分類することができます。

SaaS（Software as a Service）は、アプリケーションソフトなどのソフトウェアをサービスとして提供するものです。「サース」または「サーズ」と読みます。オンラインストレージ、Webメール、オンラインオフィスソフトなど、個人向けのサービスが数多く提供されています。

PaaS（Platform as a Service：「パース」と読む）、**IaaS**（Infrastructure as a Service：「アイアース」または「イアース」と読む）は、ソフトウェアの運用や開発のための環境をインターネット経由で提供するものです。おもに企業向けとして提供されており、代表的なサービスとしてAWSやMicrosoft Azure、GCPなどが知られています。企業向けのような有償のクラウドサービスでは、必要な機能を必要な分だけ利用し、その分の費用を支払います。

■SaaS、PaaS、IaaS

SaaS	PaaS	IaaS
アプリケーション	アプリケーション	アプリケーション
OSなど	OSなど	OSなど
ハードウェア	ハードウェア	ハードウェア

（網掛け）は利用者が用意する。
（白抜き）をクラウド事業者が提供する。

クラウドサービスのメリットとデメリット

クラウドサービスは便利なサービスですが、その長所と短所を理解して利用する必要があります。

■クラウドサービスのメリット

・インターネットに接続できる環境と、端末があれば場所を限定されないで利用できる。
・利用する端末用のアプリケーションソフトを購入する必要がなくなる。
・パソコンやスマートフォンなど、利用する端末の種類を選ばず、また、作業を別の端末で引き継ぐことができる。
・作業内容や情報の共有が容易にできる。
・クラウド上のデータが、端末の故障・紛失時に備えたバックアップになる。
・アプリケーションソフトなどの管理が不要になり、常に最新のバージョンが利用できる。

▶150ページの解答　例題1　d　例題2　a

■クラウドサービスのデメリット

・インターネットに接続できない環境では利用できない（オフライン時に作業可能なサービスもある）。
・クラウド事業者の過失でデータが失われる可能性がある。
・セキュリティ対策の不備による、インターネット経路上やデータセンタでの情報漏えいの危険性がある。
・クラウド事業者がサービス内容や品質を変更する可能性がある。

身近なクラウドサービス

個人向けのクラウドサービスも多くの種類が提供されています。代表的な例として、Googleがアカウント取得者に提供しているサービスがあげられます。以下のような種類が提供されています。

■Googleが提供するクラウドサービス

サービス名	説明	
Google ドライブ	オンラインストレージ	データをクラウド上に保管できる。
Gmail	Webメール	メールの作成や送受信、管理など、メールソフトと同じような操作ができる。
Google フォト	写真・動画用ストレージ	写真や動画をクラウド上に保管できる。
Google カレンダー	カレンダー	カレンダーの参照やスケジュールの管理ができる。
Google Keep	メモ帳	メモ書きなどをクラウド上に記録できる。
Google ドキュメント	オンラインオフィスソフト	ワープロソフトのように文書が作成できる。
Google スプレッドシート		表計算ソフトのように計算シートが作成できる。
Google スライド		プレゼンテーションソフトのようにスライドが作成できる。

第4章
セキュリティ

1 インターネット上の脅威

公式テキスト124～135ページ対応

情報を安全に保つことを情報セキュリティといいます。情報セキュリティが損なわれると、犯罪や迷惑行為などさまざまな被害にあう可能性が高まります。インターネットを安全に利用するために、インターネット上のリスクや脅威について知っておく必要があります。

SAMPLE **例題1** フィッシング詐欺の説明として、**もっとも適当なもの**を、選択肢から選びなさい。

a 相手の隙をついて個人情報やパスワードを盗み聞きしたり覗き見したりして入手する。
b 偽の料金請求メールを送りつける。
c 金融機関などからのメールを装い偽のWebサイトに誘導し、個人情報などを送信させる。
d マルウェアに感染させ、身代金を要求する。

SAMPLE **例題2** 使った覚えのない見知らぬインターネット上のサービスについて、料金の請求と振込先の口座、連絡先の電話番号を示すメールが届いた。この場合の対応として、**もっとも適当なもの**を選びなさい。

a 振込先の口座に、請求額を速やかに振り込む。
b 電話連絡して、登録の意思はないことを伝える。
c メールを送り、登録の意思はないことを伝える。
d メールには返信せず、無視する。

例題の解説

解答は159ページ

例題1 フィッシング詐欺は、悪意を持つ者が実在する金融機関などになりすまして、もっともらしいメールを送り、メールのリンクから偽のWebサイトに誘導し、クレジットカード番号や暗証番号などの重要な情報を入力させて盗み出そうとする行為です。

a ソーシャルエンジニアリングの手口の1つです。
b 架空請求メールの説明です。
c フィッシング詐欺の説明です（正解）。
d ランサムウェアの説明です。

例題2 問題のケースは、架空請求といわれる手口の詐欺です。架空請求は、使った覚えがなくても、もしかしたら使ったかもしれない、支払わないと問題になるといった不安をあおって本来支払う必要のないお金を支払わせようとするものです。

a 身に覚えがない請求に応じて支払ってはいけません。一度振り込むとカモにされて請求がさらにエスカレートすることがあります。

b 架空請求メールは、連絡してきた人に支払わせようとするのが狙いです。メールにあった連絡先に電話をしてしまうと、電話番号を知られることにもなります。連絡先として電話番号が記載されていても電話をかけてはいけません。

c メールを返信すると、支払わせようと請求がさらにエスカレートする可能性があります。また、メールアドレスが実在することが知られると、迷惑メールが送られるようになることもあります。架空請求メールに限らず、知らない相手からのメールに返信してはいけません。

d 架空請求メールのほとんどは、メールアドレスが実在するかどうかにかかわらず、無作為に送信されています。架空請求メールが届くことに根拠はないので、メールを無視することがもっとも適切な対応です（正解）。

要点解説 1 インターネット上の脅威

インターネットの利用における危険

インターネットを利用していると、情報セキュリティ上の損害に通じるような事故や攻撃に遭遇することがあります。このような事故や攻撃を**情報セキュリティインシデント**または単に**インシデント**と呼びます。インシデントには偶然起きるものもありますが､外部の攻撃者が意図的に引き起こすものは手口が巧妙で、被害の度合いが大きいものもあります。

■インターネットの利用場面に潜むさまざまな危険

Webサイトの閲覧	オンラインショッピング	オンラインバンキング	SNS
偽装サイトへの誘導 ワンクリック詐欺 閲覧によるマルウェア感染	クレジットカード番号の流出 盗品の購入 買い物詐欺	不正ログインによる不正利用	個人情報の流出 アカウント乗っ取り なりすまし

電子メール、SMS	不正アプリ・ソフトのインストール	無線LAN	機器の使用
マルウェア感染 フィッシング詐欺	マルウェア感染 個人情報の流出 高額課金	通信内容の盗聴 ログイン情報の流出	不正操作 盗難

インターネットを安全に利用する上で、情報セキュリティが損なわれることにより、どのような被害や危険に遭遇するか理解しておく必要があります。

■個人情報の流出

個人情報にはさまざまな情報が該当します。流出により、詐欺や悪質なセールス、アカウントの乗っ取り、クレジットカードの不正使用、ストーカー行為、誹謗中傷、嫌がらせなどの被害にあう可能性が高くなります。

■機密情報の流出や改ざん、破壊

企業は機密情報を多く取り扱います。流出、改ざんなどのインシデントが発生すると、利益の低下や正常な業務への悪影響につながります。顧客の個人情報が流出すると、顧客へ損害を与えるとともに、信頼失墜にもつながります。

■金銭などの被害

金銭の窃取（金銭をこっそり盗み取ること）や詐取（金銭をだまし取ること）を目的としたインシデントが増えています。オンラインバンキングにおける不正送金、架空請求、ワンクリック詐欺、オンラインショッピングにおける詐欺、クレジットカードの不正使用、モバイル決済アカウントの不正使用、SNSを利用した詐欺など被害の手口はさまざまです。

■名誉棄損や誹謗中傷

インターネットを利用した名誉棄損や誹謗中傷による被害が多数起きています。被害例は、なりすましSNSアカウントによる偽の投稿、他人の名前を使った犯行予告や脅迫、リベンジポルノ（元交際相手などの性的な写真・動画をインター

いっしょに覚えよう

アプリ内課金

無料で利用できるゲームアプリは、ゲームの中で追加アイテムの購入ができるなどアプリ内課金という仕組みをとり入れていることがあります。ゲーム内課金を繰り返すうちに高額課金になることがあるので注意が必要です。

海外におけるスマートフォンの利用料金

国内で利用するスマートフォンを海外で利用できるようにする国際ローミングは、基本的に従量制課金なので、思わぬ高額請求となることもあります。パケット定額プランに加入する、無線LAN（Wi-Fi）を利用するなどの対策をとるようにします。

サイバー攻撃

インターネットやコンピュータの利用時における攻撃や犯罪をサイバー攻撃やサイバー犯罪といいます。サイバー攻撃のうち、不正アクセスなど技術的な手段を用いる攻撃行為をクラッキング、攻撃者をクラッカーと呼びます。

ネット上に公開する行為）などです。

■略取・誘拐、性犯罪

略取（暴力、脅迫などで人を連れ去ること）や誘拐（だましたり誘惑したりして人を連れ去ること）を目的に、SNSなどで偽のプロフィールを使って相手をだますという事例があります。自画撮りの裸の写真を送らせて脅迫するという事例も起きています。

■政治的・社会的な混乱

政府や企業の情報システムが攻撃を仕掛けられ、政治的・社会的な混乱がもたらされることがあります。

■加害者になる可能性

インターネットでは自分自身が加害者になる可能性もあります。マルウェアに感染したパソコンや乗っ取られたSNSアカウントが、他人への攻撃に利用されることがあります。他人の名誉を傷つけたり侮辱したりする情報の公開、違法アップロードファイルのダウンロード、マルウェアの自作、他人のID・パスワードを使った不正ログインは、罪に問われる可能性のある行為です。ゲームのプログラムを改変する、いわゆる「チート行為」も犯罪です。なお、匿名で掲示板などに書き込みを行った者を特定するために、掲示板の運用者に書き込んだ者のIPアドレスや書き込んだ時刻を問い合わせ、さらにIPアドレスをISPに照会、という手順が踏まれます。たとえば警察が犯罪捜査を目的とする場合などに、このような手順を踏んで身元の特定が行われます。

人間の心理を利用する脅威

インターネットにおける犯罪や迷惑行為の中には、ソーシャルエンジニアリングの手法を利用するなど人間の心理的な隙を狙って行われるものがあります。

■ソーシャルエンジニアリング

ソーシャルエンジニアリングとは、技術的に情報を盗み出すのではなく、人間を対象として詐欺的な手口で情報を盗み出す行為です。ソーシャルエンジニアリングには、次のような手口があります。

▶156ページの解答　例題1　c　例題2　d

■ソーシャルエンジニアリングの手口（例）

・正当な立場にいる人物からの正当な問い合わせに見せかけてパスワードなどを聞き出す。
・パスワードの書かれたメモなどを盗み見する。
・公共の場所で利用中のパソコンの画面などを盗み見する。
・廃棄されたゴミから記録メディアやメモなどを拾い出す。
・電子メールでフィッシング詐欺サイト（偽のWebサイト）に誘導し、クレジットカード番号などを入力させる。

■標的型攻撃

標的型攻撃は、不特定多数に対してではなく、特定の組織や個人を狙って計画的に行われる攻撃のことです。初期段階では電子メールが利用されることが多く、業務に関連があるように見せかけたメールを送って、受信者を油断させます。

■標的型攻撃の例

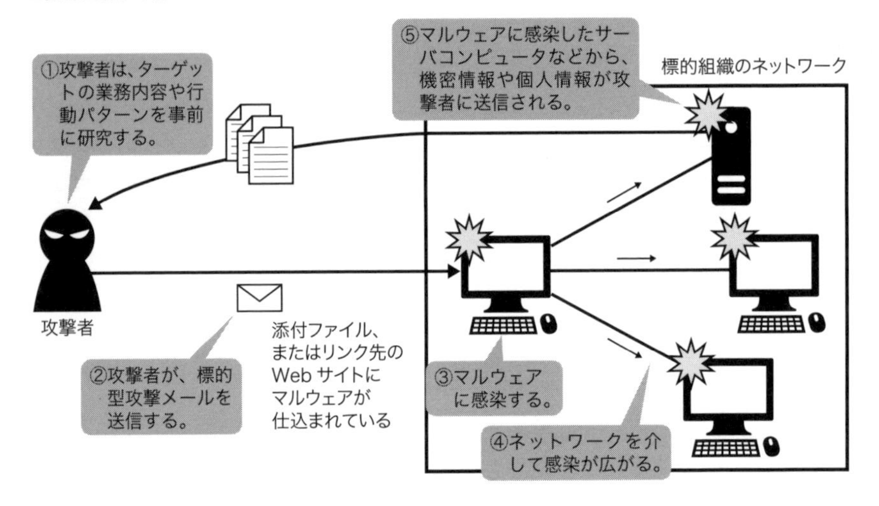

いっしょに覚えよう

水飲み場攻撃

標的型攻撃において、ターゲットにされた人物が頻繁にアクセスしそうなWebサイトを改ざんしてマルウェアを仕込んでおき、ターゲットがアクセスしたらマルウェアに感染させる、という仕組みで攻撃が行われることがあります。肉食動物が水を飲みに来る獲物を捕まえるために待ち伏せする様子に似ていることから「水飲み場攻撃」と名付けられています。

■フィッシング詐欺

フィッシング詐欺は、攻撃者が、実在する銀行やクレジットカード会社からの連絡を装った電子メールやSMSを送信して偽のWebサイト（フィッシング詐欺サイト）に誘導し、パスワードなどを入力させるといった手口の詐欺行為です。「アカウントの更新手続きが必要」「不正ログインがありました」のような緊急性を装った文面でWebサイトに誘導します。偽のWebサイトが本物そっくりに作られていることもフィッシング詐欺の特徴です。

■フィッシング詐欺の例

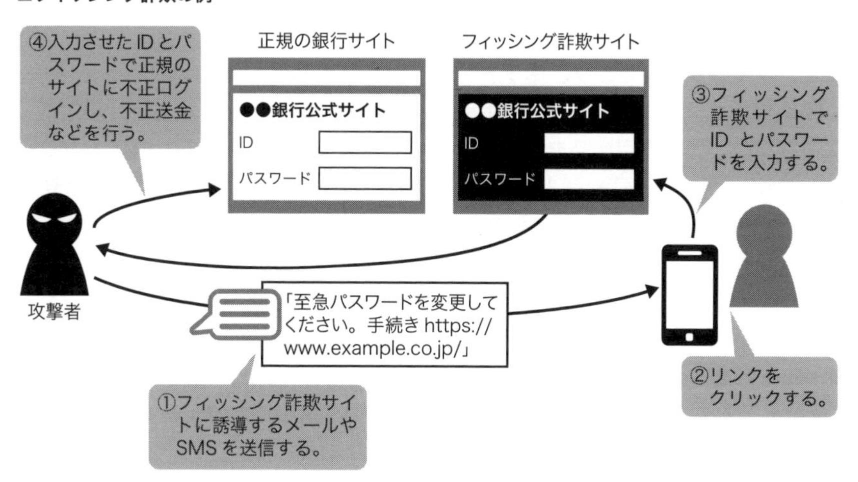

■なりすましメール

なりすましメールは、送信者情報などを偽造して他人になりすました電子メールです。なりすましメールによる詐欺の1つに、**ビジネスメール詐欺**（Business E-mail Compromise：BEC）があります。取引先や経営者層の人物になりすましたメールを送信し、振込先口座の変更などもっともらしい理由で攻撃者の口座に振込をさせ、金銭をだまし取ります。

■ワンクリック詐欺・架空請求

ワンクリック詐欺は、Webサイトの「入口」「無料」などと書かれたボタンや電子メールにあるURLをクリックすると、一方的に会員登録などを行ったとされ、料金を請求される詐欺のことです。Webサイトを閲覧中に自動的に開かれるポップアップ画面を利用する手口もあります。「法的措置をとる」といった文言、カメラのシャッター音を鳴らす、スマートフォンの個体識別番号やIPアドレスの表示などで不安をあおります。「マルウェアに感染しました」と偽の警告画面を表示し、有料のセキュリティソフトウェアを購入させようとするものもあります。

架空請求は、「利用したサービスの料金を指定口座に振り込んでください」のような文言で身に覚えのない請求をされることです。電子メールやSMSを使って架空請求が行われることがあります。

ワンクリック詐欺や架空請求は、無作為に選んだ相手に対して行われるもので、支払の義務があると不安に思ってしまう気持ちを利用する詐欺です。表示されている連絡先（「相談窓口」を偽ることもある）に連絡すると個人情報が知られてしまい、さらなる被害に巻き込まれる可能性があります。迷惑メールなどと同様に、無視することが最善の対策です。

■オンラインショッピング、ネットオークションにおける詐欺

オンラインショッピングやネットオークションでは、代金だけ支払わせて商品は送らない、偽物や粗悪品を送るといったトラブルや、買い物のために入力したクレジットカード番号や個人情報の不正使用などの被害にあう可能性があります。正規の販売サイトを模倣した「なりすましECサイト」や、「必ず稼げる」といった宣伝文句で実際には役に立たないノウハウを売りつける詐欺手口もあります。

■spam行為

spam（スパム）とは、受け手の意向を考えず、おもに不特定多数のユーザにばらまかれる、迷惑メールやSNSの投稿などのことです。広告や宣伝、フィッシング詐欺やマルウェア感染など、狙いはさまざまです。

「不幸の手紙」のような脅し、善意を装った文面で、メールを不特定多数に伝播させようとするメールを**チェーンメール**といいます。また、偽のマルウェア情報を流すものはデマメールといいます。もっともらしい形で偽の情報を広めることにより、世の中を騒がせて楽しんでいるものがほとんどです。SNSを利用したチェーンメールも増えています。

○×クイズ

標的型攻撃の説明として正しいものには○、誤っているものには×を付けましょう。

①（　）不特定多数に対して行われる攻撃である。
②（　）特定の組織や個人をターゲットとして行われる攻撃である。
③（　）架空の請求をでっちあげて支払を要求する攻撃である。

2 マルウェア感染

公式テキスト136～139ページ対応

他人のコンピュータに有害な動作を起こさせることを目的として作られたプログラムがマルウェアです。マルウェアの狙いや動作はさまざまであり、常に新種のマルウェアが登場し、また手口が巧妙化しています。

SAMPLE
例題1　マルウェアの説明として**適当なもの**を、選択肢から選びなさい。

- **a**　無料で自由に使えるソフトウェア
- **b**　一定期間無償で試用することができるソフトウェア
- **c**　セキュリティを守るためのソフトウェア
- **d**　有害な動作をするソフトウェア

例題2　次の説明に当てはまるマルウェアの種類として**もっとも適当なもの**を、選択肢から選びなさい。

パソコンやスマートフォンなどに感染すると、本来のユーザが操作できなくなるように画面ロックや保存ファイルの暗号化などを行う。画面に「復旧のためには300ドルを支払ってください」のようなメッセージや振込先が表示されている。

- **a**　マクロウイルス
- **b**　トロイの木馬
- **c**　ボット
- **d**　ランサムウェア

例題の解説

解答は167ページ

例題1　コンピュータはプログラム（ソフトウェア）により動作します。通常は利用者にとって有益な動作をすることを目的としてさまざまなプログラムが開発されています。一方で、悪意を持つ者によって、利用者が意図しないような不正かつ有害な動作をすることを目的とするプログラムも開発されています。同じプログラムでありながら、その性質が悪質であるようなプログラムを不正プログラム、あるいはMalicious Software（悪意のあるソフトウェア）を略してマルウェア（Malware）と呼んでいます

a　フリーソフトやフリーウェアと呼ばれるソフトウェアの説明です。

b　シェアウェアの説明です。

c　パソコンなどのセキュリティを守るためのソフトウェアは、マルウェア対策ソフトやセキュリティ対策ソフトなどと呼ばれます。

d　マルウェアの説明です（正解）。

例題2　マルウェアは、その動作のタイプによって種類分けされています。以前は、宿主となるファイルに寄生して有害な動作をし、さらに感染を広げていくような、風邪などを引き起こすウイルスの動きになぞらえて、ウイルスと名付けられたマルウェアが一般的でした。現在はさまざまな種類のマルウェアが登場しています。

a　Microsoft ExcelやWordの機能として組み込まれている機能に、操作を自動化するマクロ機能というものがあります。マクロウイルスは、このマクロ機能を利用して活動するマルウェアです。

b　トロイの木馬は、感染機能は持たず、有益なプログラムを装って利用者のコンピュータに入り込み、命令を受けるとバックドアのインストールなどを行うマルウェアです。バックドアは、利用者に気づかれないように外部から侵入できるようにする「裏口」です。トロイの木馬の名前の由来はギリシャ神話です。

c　攻撃者の用意した司令塔となるサーバなどの命令を受けて他のコンピュータなどに攻撃を仕掛けるなど有害な動作をするマルウェアです。ボットの由来は「ロボット」です。なお、人間の指示に従って単純な仕事を繰り返すロボットのような働きをするプログラムも、ボットと呼ばれています。

d　問題の説明はランサムウェアの説明です（正解）。ランサム（ransom）は「身代金」という意味です。支払方法に仮想通貨（暗号資産）を指定されることが多くなっています。

要点解説　2 マルウェア感染

マルウェア

コンピュータやインターネット上で、他人のコンピュータを乗っ取る、データを破壊、改ざんする、個人情報を盗み出す（情報の漏えい）などの不正行為を行うために利用されるのが**マルウェア**（不正プログラム）です。マルウェアは不正

かつ有害な動作を目的として作られたプログラムで、感染するとそのコンピュータでは意図しない動作が行われ、多くの被害を受けることになります。マルウェアの種類はさまざまで、自己増殖する（感染してから自分自身でさらに他のコンピュータに感染を広げていく）、正体を偽ってコンピュータに侵入するなど、その感染経路もさまざまです。

■おもなマルウェア（不正プログラム）の種類

種類	特徴
ウイルス	プログラムやファイルに寄生し、コンピュータ上のデータの破壊や改ざん、情報の盗み出しを行うプログラム。自己増殖を行う。自然界におけるウイルスの活動に似ていることからウイルス（またはコンピュータウイルス）と名付けられている。広い意味で使用し、マルウェア全体を指すこともある。
ワーム	プログラムやファイルに寄生せずに、単体でデータの破壊などを行うプログラム。自己増殖を行う電子メールなどを勝手に送信して、ユーザの知らぬ間に自分自身のコピーをばらまく。
トロイの木馬	有益なプログラムを装ってコンピュータへ侵入し、バックドアなどをインストールするプログラム。データ消去やファイルの外部流出、他のコンピュータの攻撃などを行う。他のマルウェアと異なり、自己増殖はしない。
ボット	コンピュータを乗っ取り、攻撃者（悪意のある第三者）が用意した司令塔となるサーバからの命令に従って不正な動作を行うプログラム。命令を受けるまで潜伏しているのが特徴。データの破壊や情報漏えいのほかに、迷惑メールの中継地としてコンピュータを動作させることもある。
スパイウェア	感染したコンピュータで情報を盗み出すプログラム。Webサイトの閲覧時、またはソフトウェアのインストール時にこっそり侵入し、Webブラウザの閲覧履歴や、ユーザが入力した個人情報を盗み出して外部に送信する。ユーザのキーボードの入力操作を外部に送信するキーロガーはスパイウェアの一種。
マクロウイルス	Microsoft Excelなどの備えるマクロ機能（複数の操作を登録しておき、自動的に実行させる機能）を利用するマルウェア。正常なファイルであると思って開くと、マルウェアが活動を開始する。自己増殖を行う。

バックドア

バックドアは「裏口」の意味で、攻撃者がコンピュータに侵入しやすいように仕掛けておく攻撃者専用の入口です。ログインによりコンピュータへのアクセスを制限していても、バックドアが仕掛けられると容易に不正アクセスされることになります。

○×クイズ（162ページ）の答え：① × ② ○ ③ ×

■ランサムウェア

ICT技術の発展とともにマルウェアによる攻撃手口も巧妙化・高度化し、新種のマルウェアが次々と登場しています。近年、被害が深刻となっているマルウェアがランサムウェアです。**ランサムウェア**は、感染したパソコンなどの画面のロックやファイルの暗号化などを行い、OSの正常起動を不可能な状態にした上で､元に戻すことと引き換えに「身代金（ランサム）」の支払いを要求するものです。感染すると画面上に警告とともに身代金の支払を求めるメッセージが表示されます。

■ランサムウェアの感染時に表示される画面のイメージ

マルウェアの感染経路

マルウェアの感染経路はさまざまです。おもな感染経路には、Webページの閲覧、ファイルのダウンロード、記録メディア経由、電子メール経由です。また、スマートフォンの場合は、不正なアプリによる感染の可能性があります。

■Webページの閲覧による感染

Webページ上にマルウェアを用意しておき、閲覧したユーザに実行させるという方法で感染させます。Webページに埋め込まれたスクリプトを自動実行させるといった手法で感染させることもあります。最近は、利用者に気づかれないようにバックグラウンドでマルウェアをダウンロードさせる**ドライブバイダウンロード**という手口による感染が増えています。ドライブバイダウンロードは、攻撃者が正規のWebサイトを改ざんしておき、セキュリティホールのあるコンピュータでこれを閲覧すると不正なスクリプトを実行させるなどして自動的にマルウェアに感染させるものです。

スクリプト

実行が容易で簡易なプログラムのことです。HTML文書では、JavaScriptのようなスクリプトを埋め込むことによりHTMLだけではできない表現を実現することができます。この仕組みを利用したマルウェアの感染手口があります。

セキュリティホール

OSやアプリケーションソフトなどのプログラムに、セキュリティ上の弱点が存在すること、またはその弱点のことです。

■ダウンロードによる感染

問題のないソフトウェアに見せかけたマルウェアをダウンロードさせ、実行により感染させます。

■記録メディアを介した感染

USBメモリなどの記録メディアにマルウェアが仕込まれていて、パソコンなどで記録メディアを読み出そうとすると自動的にプログラムを実行して感染させます。

■電子メールによる感染

電子メールの添付ファイルやHTMLメール内にマルウェアを仕込み、実行または閲覧により感染させます。また、電子メールは、Webページ閲覧による感染へのルートとしても利用されます。本文に張られたリンク（URL）をクリックさせて目的のWebサイトへ誘導します。

■スマートフォンの不正アプリによる感染

スマートフォン向けのアプリの中に、マルウェアなど不正なアプリが潜んでいることがあります。スマートフォン向けのアプリを配信する公式マーケットであるApp StoreやGoogle Playストアは、アプリに問題がないか審査を行い、危険なアプリを排除しようとしていますが、中には審査をくぐり抜けた不正アプリが掲載されていることがあります。公式マーケット以外で配信されるアプリは感染リスクが高いのでさらに注意が必要です。

つながりクイズ

マルウェアの種類とその正しい説明を線でつなぎましょう。

① トロイの木馬・
② ワーム・
③ スパイウェア・

・ア 単体で破壊活動をするプログラムで、自身のコピーをばらまく。
・イ 感染機能はないが有益なプログラムを装いユーザのコンピュータに入り込み、バックドアなどをインストールする。
・ウ 感染したPCを監視し、データを密かに収集する。

▶163ページの解答　例題1　d　例題2　d

3 不正アクセスによる被害

公式テキスト139～141ページ対応

不正アクセスとは、利用権限のない者がコンピュータやシステムなどに侵入することです。不正アクセスを受けると、システムの破壊や改ざん、データの漏えいなどの被害にあうほか、他者への攻撃に荷担（かたん）させられることもあります。

SAMPLE
例題1 DDoS攻撃の説明として**もっとも適当なもの**を、選択肢から選びなさい。

a 多数のコンピュータから特定のコンピュータへ一斉にアクセスを行い、システムを動作不能な状態にする攻撃
b 不正アクセスしたコンピュータを中継地点とした他のコンピュータへの攻撃
c セキュリティホールを狙った攻撃
d パスワードを推測、解析して正規ユーザになりすましてアクセスする攻撃

例題2 不正アクセスに関する説明として**誤っているもの**を、選択肢から選びなさい。

a OSやアプリケーションソフトにプログラム上の不具合や設計ミスなどがあると、システムに不正アクセスする侵入口として利用される。
b 暗号化が行われていない無線LANの通信内容は、スニファリングされる可能性が高い。
c あらゆる文字の組み合わせを総当たりで試してパスワードを検知しようとする攻撃をブルートフォース攻撃という。
d SNSのアカウントを認証に利用するSNS認証は、SNSによってセキュリティが担保されるので信頼性が高い。

例題の解説

解答は171ページ

例題1 DDoS（Distributed Denial of Service）攻撃は、要求に応じてサービスを提供するWebサーバなどのサーバを標的とし、多数のコンピュータから大量のデータを送りつけることで正常なサービス提供ができない状態にする攻撃です。

a DDoS攻撃の説明です（正解）。
b 不正アクセスしたコンピュータを中継地点として、他のコンピュータに攻撃を加えることを

踏み台攻撃といいます。

c セキュリティホールを狙った攻撃は、OSやアプリケーションプログラムの弱点を突いてコンピュータに侵入することで、情報を盗んだり改ざんしたりといった被害を与えるような攻撃のことを指します。

d パスワードを推測、解析するのはパスワード攻撃、正規ユーザになりすましてアクセスするのは不正アクセスです。

例題2 不正アクセスは、本来権限のないものがコンピュータやシステムなどに不正侵入を行うことです。不正アクセスを受けると、データが盗まれたりシステムが改ざん・破壊されたり、さまざまな被害を受けることになります。

a セキュリティホールの説明です。セキュリティホールは、外部の攻撃者にとって攻撃しやすいシステム上の弱点で、不正アクセスの侵入口として利用されます。

b ネットワーク上の通信内容を盗み見することをスニファリングといいます。スニファリングにより、IDやパスワードを盗まれ、不正アクセスされることがあります。無線通信の電波は、捕捉することができれば誰でも傍受、解析が可能なのでスニファリングの可能性が高くなります。スニファリングを防ぐには通信内容の暗号化が有効です。

c 不正アクセスを行う攻撃者はシステムにログインするためのパスワードを割り出すために、パスワードの候補として考えられるものを、すべて試すという手法を利用することがあります。手法の1つがブルートフォース攻撃で、可能な文字の組み合わせを総当たりで試します。たとえば4桁の数字を使用する暗証番号では、0000～9999までの組み合わせを試す方法で解析を試みます。

d サービスへのログインを簡単に行うための仕組みとして、FacebookやTwitterなどSNSのアカウントを利用するログイン方法があります。個々のIDとパスワードを覚える必要がなくなるなどログインを簡素化することができますが、仕組みを利用して不正なサービスがSNSのアカウントの乗っ取りを行うことがあるので、必ずしも信頼性が高いとはいえません（正解）。

要点解説 3 不正アクセスによる被害

不正アクセス

不正アクセスは、ログインのためのIDとパスワードが不正な方法で取得されたり、システムの脆弱性（弱点）を利用されたりといった方法で行われます。最近では個人が使用するパソコンへの不正アクセスの被害が増えています。

■セキュリティホールの攻撃

セキュリティホールはOSやアプリケーションで生じる不具合やセキュリティ上の欠陥（脆弱性）です。セキュリティホールは攻撃者にとって攻撃しやすい対象となります。アップデートが適用されていないOSは、セキュリティホールが放置されていることになるので、攻撃されやすいといえます。また、画像、PDF

つながりクイズ（167ページ）の答え：① イ ② ア ③ ウ

やAdobe Flashなどを閲覧するためのソフトウェアにセキュリティホールがあると、閲覧するだけで不正アクセスの被害を受けることになります。

いっしょに覚えよう

ゼロデイ攻撃

ゼロデイ攻撃は、ソフトウェアのセキュリティホールを狙った攻撃のうち、近年増えている攻撃パターンです。ソフトウェアの欠陥が発見される前、欠陥を修復するための修正ファイルが提供される前に、セキュリティホールを攻撃します。ゼロデイ攻撃を完全に防ぐことは不可能ですが、被害をできるだけ低減・回避するためには、アップデートの速やかな適用やセキュリティ対策ソフトの導入など複数の対策を講じて多重に防御することが必要です。

■踏み台攻撃

不正アクセスにより乗っ取ったコンピュータを中継地点として利用し、他のコンピュータを攻撃することがあります。これを**踏み台攻撃**といいます。本来の攻撃者が不正アクセスの痕跡を消してしまい、踏み台にされているコンピュータのユーザが攻撃者とされてしまうことがあります。

■サービス不能攻撃

標的とするWebサーバなどに大量のデータを送りつけ、サービスの提供を不能にしたり、システムそのものをダウンさせたりする攻撃のことを**サービス不能攻撃**や**DoS**（Denial of Service）**攻撃**といいます。多数のコンピュータからDoS攻撃を仕掛けるものを**DDoS**（Distributed DoS）**攻撃**といいます。マルウェア感染させられたコンピュータがDDoS攻撃に荷担させられることがあります。

■スニファリング（パケット盗聴）

ネットワーク上で送受信されているデータ（パケット）を盗聴し、そこから他人のIDやパスワードなどを盗み出すことを、**スニファリング**（**パケット盗聴**）といいます。最近では、暗号化されていない無線LANの電波の盗聴による被害が増えています。

■パスワード攻撃（パスワードクラック）

他人のパスワードを何らかの方法で手に入れることで不正アクセスが行われることがあります。キーロガーやソーシャルエンジニアリングの手法を利用してパスワードが盗まれることもありますが、技術的な方法で推測、解析することにより不正アクセスを試みる手法もあり、これを**パスワード攻撃**（**パスワードクラック**）といいます。パスワード攻撃には、リスト型攻撃や総当たり攻撃（ブルートフォース攻撃)、辞書攻撃などがあります。リスト型攻撃は、別のサービスなどで使用されたログイン情報が漏えいしてリスト化されたものを利用する方法、総当たり攻撃はあらゆる文字の組み合わせを試す方法、辞書攻撃は辞書に載っている単語を試す方法です。

パスワード攻撃を防ぐために、ログインに数回失敗するとアカウントを一定時間ロックするなどの対策を講じているシステムもありますが、無制限にログインを試すことができるようなシステムだと、パスワード攻撃により不正アクセスを受けることになります。

■SNSとの連携を悪用したアカウントの乗っ取り

サービスへのログインを簡易に行うための仕組みとして、FacebookやTwitterなどSNSのアカウントを利用するSNS認証という方法があります。ログインの際に、「Facebookでログインする」などの項目を選択し、Facebookの認証手続きを行うと、元のサービスにログインできるという仕組みです。この仕組みを悪用し、連携したSNSのアカウントを利用する権限を取得し、アカウントの乗っ取りが行われることがあります。また、SNSで表示される広告をクリックしたときに、アプリ連携を要求されることがあり、これに応じて許可や認証を行った結果、不正アクセスされることもあります。

○×クイズ

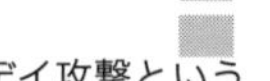

次の説明のうち、正しいものには○、誤っているものには×を付けましょう。

① (　　) セキュリティホールが修復される前に攻撃することをゼロデイ攻撃という

② (　　) 不正アクセスされて乗っ取られたコンピュータを攻撃元にして別のコンピュータを攻撃させるものをDoS攻撃という。

③ (　　) ネットワーク上で送受信されているパケットを盗聴することをスニファリングという。

▶168ページの解答　例題1　a　例題2　d

4 インターネットの安全な利用

公式テキスト142〜148ページ対応

インターネットやコンピュータの利用において、個人情報の流出を防ぐためには自身による管理が必要です。また、日常的に利用することが多いスマートフォンは、適切なセキュリティ対策を講じて安全に利用することが大切です。

SAMPLE
例題1 他者に知られたくない個人情報が内蔵するHDDに保存されているWindowsパソコンを処分する場合、**問題が少ないと思われる対処**を選びなさい。

a 個人情報が含まれるファイルを「ゴミ箱」へ移動させ「ゴミ箱を空にする」処理をしてから、「粗大ごみ」として出した。
b データ消去ソフトによりHDD上のデータを消去した上で、パソコンショップの中古買取サービスを利用した。
c 「リカバリディスク」によりパソコンを初期化した後で、「燃えないゴミ」として出した。
d HDDをフォーマットし、以前、家具を引き取ってもらったリサイクルショップにそのまま持ち込み買い取ってもらった。

例題2 インターネットを利用する際に個人情報を守るための心がまえとして**誤っているもの**を、選択肢から選びなさい。

a プライバシーマークの表示の有無は、そのWebサイトの事業者が個人情報を適切に取り扱っているかどうかを判断する目安にできる。
b 暗号化されている公衆無線LANは、通信内容が漏えいすることはないので個人情報を入力しても問題はない。
c 本来のURLが一見しただけではわからない短縮URLは、フィッシング詐欺などに誘導される可能性があるので注意が必要である。
d FacebookやInstagramなどのSNSでは、投稿の公開範囲をユーザ自身が管理できるので、投稿する内容によって公開範囲を限定するようにする。

例題の解説

解答は175ページ

例題1 HDDなどの記憶装置内に保存されたデータは、特別なソフトで完全に消去するか物理的に破壊しない限り読み取りが可能です。処分したHDDを入手した第三者がデータを読み取って個人情報を悪用する可能性もあるので、適切な方法で処分する必要があります。また、パソコンの処分については、資源有効利用促進法により、パソコンメーカーが回収・リサイクルすることが義務付けられています。「PCリサイクルマーク」が貼付されたパソコンは、パソコンメーカーに無償で処分を依頼することができます。

a 「ゴミ箱を空にする」処理では、ファイルが消えたように見えるだけで、実際のファイルはHDDに残っています。HDDに残っているファイルは復元が可能なので、第三者にHDDを入手されたら個人情報が流出する可能性があります。また、パソコンは自治体による「粗大ごみ」の対象にはなっていないので資源有効利用促進法に基づき処分を手配する必要があります。なお、一部自治体がノートパソコンを小型家電として回収することがあります。この場合もデータの完全消去が必要です。

b データ消去ソフトは、HDDに保存されているデータを完全に消去するので、復元は一切できなくなります。その上で、中古買取サービスを利用することは適切な処分方法といえます（正解）。

c リカバリディスクによりパソコンを出荷時の設定に戻しても、リカバリ前に保存したファイルは消去されずにHDDに残ります。また、パソコンは「燃えないゴミ」として処分することはできません。

d リサイクルショップに買い取ってもらうことに問題はありませんが、HDDのフォーマットはデータが消えたように見えるだけで実際には残っています。データの完全消去を行う必要があります。

例題2 インターネットを利用していると、個人情報などの情報を入力したり公開したりする機会にたびたび遭遇します。深く考えずに入力・公開すると、悪意のある者に悪用されて、トラブルを招くことにつながります。個人情報などの情報は、自身で管理する必要があります。

a プライバシーマークは、個人情報の取り扱いについて適切な保護措置体制を整備していると認定された事業者に使用が認められています。プライバシーマークが表示されているWebサイトは、個人情報を適切に扱っていると考えることができます。

b 暗号化されている公衆無線LANサービスは、共通に利用するパスワード（暗号化キー）を掲示するなどして、不特定の人が利用できる状態のものがほとんどです。この場合、パスワードを知る者による盗聴が可能になるので、通信内容を完全に秘匿することはできず、安全ではありません（正解）。個人情報の入力を避けるか、SSL/TLSなどの暗号化通信を利用するようにします。

c 短縮URLは、長いURLを短いURLに変換したもので、短縮URLから実際のURLへ転送します。短縮URLを見ても元のURLがわからないので、不正なサイトに誘導される可能性があります。事前に転送先のURLを確認するなどの対策を講じる必要があります。

d SNSで、投稿内容の公開範囲を広げると、より多くの人が閲覧できることになります。公開範囲を適切に設定しないと、意図しない人物に個人情報を知られることにもなります。投稿内容によって公開範囲を限定することは個人情報漏えい対策として適切です。

○×クイズ（171ページ）の答え：① ○ ② × ③ ○

要点解説 4 インターネットの安全な利用

個人情報の適切な管理

インターネットのサービスを利用していると、個人情報を入力したり公開したりする機会が増えます。一度入力・公開した情報を取り消すことはほぼ不可能であり、他人の個人情報を取得して悪用する者もいます。トラブルを未然に防ぐためにも、インターネット上の個人情報の取り扱いについては、自身で適切に管理する必要があります。

■個人情報を安易に入力・公開しない

不用意に個人情報を書き込んでいないか、Webサイトが信頼できるか、慎重に考え、不安がある場合は安易に個人情報を書き込まないようにします。

■暗号化通信を利用する

インターネット上や無線LANなど、通信経路上の盗聴・改ざんを防ぐため、SSL/TLSなどの暗号化通信を利用するようにします。

■URLのリンクを信用しない

不正なサイトへの誘導を防ぐため、発信元の身元が不確実な電子メールやSMS、SNSの投稿や広告に張られたリンク（URL）は信用してはいけません。

■SNSの公開範囲を設定する

SNSの公開範囲は、標準で誰もが閲覧できる設定になっていることがあるので、投稿前に公開範囲を確認するようにします。また、必要のない個人情報は書き込

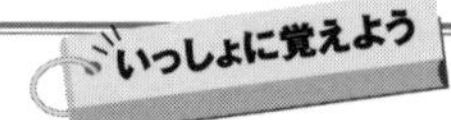

プライバシーマーク

個人情報の取り扱いについて適切な保護措置体制を整備していると認定された事業者に使用が認められるものです。プライバシーマークの有無は、Webサイトの信頼性を判断する目安にすることができます。プライバシーマーク制度は一般財団法人日本情報経済社会推進協会（JIPDEC）が運用しています。

短縮URL

Webページの URL の中には非常に長いものがあり、SNSなどにURLをそのまま掲載すると、不都合が生じることがあります。短縮URLは実際のURLを置き換えて短くしたもので、アクセスすると実際のURLへ転送が行われます。転送先のURLを隠せるので、不正なサイトへの誘導に利用されることがあります。

まないようにしましょう。

■**利用しないアカウントを削除する**

利用していないサービスのアカウントを放置しておくと個人情報が流出するリスクが高くなります。必要のないアカウントは削除しておきましょう。

共用のパソコンの利用における注意点

不特定多数の人が利用するホテルやインターネットカフェなどの共用のパソコンでは、使用後にパソコン内に個人情報を残さないようにします。また、セキュリティ設定が不十分な可能性も考えられるので、パスワードなどの入力を必要とする操作は避けるほうが賢明です。

■**共用のパソコンを利用する場合の注意点**

●プライバシーモードを利用する。
●閲覧履歴、Cookie、フォームのデータ、パスワード、キャッシュ（インターネット一時ファイル）を残さない。
●ログインしたサイトは必ずログアウトする。
●作成したファイルは削除する。
●ごみ箱を空にする。
●クレジットカードで買い物はしない。
●オンラインショッピング、ネットオークション、オンラインバンキングなどのサービスは利用しない。
●会員登録はしない。

端末、記録メディアの処分の際の注意点

パソコンやスマートフォン、DVD-Rなどの記録メディア、USBメモリなどに保存したデータを完全に消去することは容易ではなく、単なる削除の操作、フォーマット、工場出荷状態に戻すリカバリではデータが端末、記録メディア内に残されたままとなり、後からデータを復元することが可能です。何も手を施さずに端末、記録メディアを処分すると、悪意のある者がデータを読み取って悪用する可能性があります。処分前に、専用のソフトを使って完全にデータを消去するか物理的に破壊する必要があります。

■端末、記録メディアを処分する際の注意点

●CD-RやDVD-Rは切り刻んでから破棄する。
●USBメモリ、パソコン内に搭載されるHDDやSSDは、専用のデータ消去ソフトや消去サービスを利用する。
●スマートフォンやタブレットは、NTTドコモなどの通信事業者が、個人情報の保護に配慮しながらの無料回収を実施しているのでこれを利用する。
●中古買取サービスを利用する場合は、データの取り扱いについて確認する。

フォーマット

ハードディスクなどの記録メディアをパソコンなどの機器とOSで利用できるように設定することです。

パソコンリサイクル

資源有効利用促進法に基づき、不要になったパソコンは、製造・販売メーカーが回収・リサイクルを行っています。「PCリサイクルマーク」が貼付されているパソコンは、無償でメーカーに廃棄を依頼することができます。「PCリサイクルマーク」がないパソコンの廃棄をメーカーに依頼する場合は、回収再資源化料金が必要です。

スマートフォンにおける日常的なセキュリティ対策

スマートフォンは、扱いやすく多機能・高機能であることからさまざまな用途に利用されていますが、一方で、さまざまなセキュリティ上のリスクが存在します。適切なセキュリティ対策を施しながらスマートフォンを利用する必要があります。

■不正アプリ対策

不正アプリをインストールして利用すると、マルウェア感染や情報の盗難などの危険性が高まります。不正アプリ対策として、アプリが求める権限を確認するようにしましょう。

■不正利用の防止

紛失・盗難時の不正利用を防ぐために、ログインパスワードや画面ロック機能を設定しておくようにしましょう。

■OSやアプリのアップデート

アップデートが提供されたら速やかに適用し、OSやアプリを常に最新の状態にしておく必要があります。

■公衆無線LANサービスの安全な利用

暗号化されていないサービス、暗号化キー（パスワード）を共用するサービスは、一時的な利用程度に留めておき、端末のファイル共有機能はオフにしておきましょう。利用後はESSIDを削除します。

■セキュリティソフトの利用

パソコンと同じようにスマートフォンでもセキュリティソフトを利用して安全性を高めましょう。

■バックアップ

盗難や故障、マルウェア感染、破損や紛失に備えてデータのバックアップをとっておきましょう。また、盗難時に備えてファイルの暗号化を利用するとよいでしょう。

いっしょに覚えよう

AirDropの安全な利用

iPhoneやMacのAirDropは、近距離無線通信でアップル社製品同士のファイル交換などを行うことができる機能です。簡単な操作で利用できますが、仕組みを悪用する第三者が通信に割り込んできて不適切画像を送ってくることがあります。知らない人と通信しないように設定しておく必要があります。

安全性と快適さのトレードオフ

安全性を高めるためのセキュリティソフトは、パソコンなどの動作に影響を及ぼし、操作の面でストレスを感じることもあります。一方で、セキュリティソフトを無効にすると、マルウェア感染などのリスクが増します。このように、安全性と動作の快適さはトレードオフの関係にあります。安全にコンピュータやインターネットを利用するためには、「不便さ」を受け入れる必要があります。

○×クイズ

次の操作のうち、HDD内のデータを、復元できない状態まで削除できるものには○、できないものには×を付けましょう。

① (　　) データを「ゴミ箱」に移動させてから「ゴミ箱を空にする」処理を行う。

② (　　) HDDをフォーマットする。
③ (　　) データ消去ソフトを使用してデータを削除する。

5 パスワードの管理と認証

公式テキスト149～152ページ対応

インターネット上のサービスの多くは、正当なユーザだけがログインできるように、IDとパスワードの組み合わせなどを利用してユーザの認証を行います。パスワードは本人だけが知っている情報で、漏えいしないように適切に管理する必要があります。

例題1　ISPの管理者と名乗った人から「システムの都合でパスワードを教えてほしい」などのメールや電話が来た場合の**正しい対処方法**を、選択肢から選びなさい。

a　ISPからパスワードを問い合わせてくることはないので教えない。
b　住所を聞いて、後日パスワードを記入した封書を郵送する。
c　相手の担当者名を確認した上でパスワードを教える。
d　電話の場合は相手を特定するのが難しいので、メールで問い合わせが来た場合のみパスワードを教える。

例題2　パスワードの利用に関する説明として**適当なもの**を、選択肢から選びなさい。

a　パスワードは複数のサービスで同じものを利用するほうがよい。
b　パスワードは他人に知られないように管理すれば、自分の名前や単純な単語など、わかりやすいものに設定しても安全である。
c　一度しか使えないワンタイムパスワードは安全性が低いので利用すべきではない。
d　パスワードの入力にソフトウェアキーボードを利用することは、キーロガー対策になる。

例題の解説

解答は181ページ

例題1 パスワードはユーザのみが知るべき情報であり、ISPに限らず、サービスの提供者側がユーザにメールや電話でパスワードを問い合わせることはありません。問題では、人間の心の隙を突いて重要な情報を盗み出そうとする、ソーシャルエンジニアリングという手法によりパスワードを聞き出そうとしています。

a もっともらしい人からの問い合わせであってもパスワードは他人に教えるべきではないので、正しい対処方法です（正解）。

b どのような形であってもパスワードを教えるべきではありません。

c パスワードを問い合わせてくるという行為自体から、ISPの関係者ではないことを疑うべきです。

d 電話であれメールであれ、パスワードの問い合わせに対して回答してはいけません。

例題2 悪意を持つ者は、さまざまな方法でパスワードを盗み出そうとします。パスワードは推測されにくいものに設定するとともに、より安全性の高い方法で利用する必要があります。

a 複数のサービスで同一のものを利用すると、1つのサービスのパスワードが漏えいした場合に他のサービスでも悪用されることになります。パスワードはサービスごとに異なるものにするべきです。

b わかりやすいパスワードにすると、推測される可能性が高くなります。さまざまな方法でパスワードを検知しようとするパスワード攻撃などもあります。パスワードにはより複雑な文字列を設定するほうが、安全性が高まります。

c ワンタイムパスワードは一度限りの使い捨てパスワードで、認証のたび、または一定時間が過ぎると使えないようにすることで安全性を高めています。

d キーロガーというスパイウェアは、キーボードからの入力を記録して外部へ送信します。ソフトウェアキーボードは、画面上にキーボードを表示し、クリックやタッチでパスワードを入力する仕組みで、キーボードを使用しないことでキーロガーによるパスワードの流出を防ぎます（正解）。

○×クイズ（177ページ）の答え：① × ② × ③ ○

要点解説 5 パスワードの管理と認証

パスワードの管理と認証の重要性

インターネット上のサービスでは、正当なユーザであることを**認証**という手続きで確認します。認証ではさまざまな方法が利用されます。もっともよく利用されているのはIDとパスワードの組み合わせです。**パスワード**はユーザ本人しか知らない情報で、第三者に知られるとサービスに不正ログインされるなどの被害にあうことになります。

■パスワードの設定上の注意点

パスワードは、英数字や、サービスによっては記号も取り入れて設定します。悪意のある者は、個人情報からの類推や、辞書攻撃や総当たり攻撃などさまざまな方法でパスワードを探ろうとするので、類推、解析されにくいパスワードを設定します。

また、利用開始時に通知される初期パスワードは、流出の可能性があり、また推測されやすい文字列になっていることもあるので、より強固なパスワードに変更しておくほうが安全です。

■パスワードの設定における注意点

●自分の名前、電話番号、生年月日など自分に関連する文字列は使用しない。	例：tanakataro、0901234567、19700808
●アルファベットや数字の羅列、単純な単語など、わかりやすいものは使用しない。	例：abcdefg、0123456789、baseball
●複数のサービスで同一のパスワードや類似するパスワードを利用しない。	
●初期設定されているパスワードをそのままにしておかない。	

■パスワードの管理上の注意点

アカウントの利用状況は定期的に確認し、アカウントの乗っ取りなどインシデントが発生したことが判明したら速やかにパスワードを変更します。なお、以前はパスワードの定期的な変更が推奨されていましたが、現在はそれぞれのサービスで固有の複雑で長いパスワード（パスフレーズという）の利用が推奨されています。

パスワードを盗み出す方法としてソーシャルエンジニアリングの手法がよく使われるので、パスワードの管理において、ソーシャルエンジニアリング対策は必須です。次の点に留意して管理します。

・パスワードを入力するときは人に見られないようにする。
・パスワードを人の目に触れるようなメモとして残さない。
・パスワードは人に教えない。

いっしょに覚えよう

ID・パスワード管理ソフト

パスワードの種類が増えて管理が煩雑になる場合は、複数のパスワードを暗号化し、管理用パスワードを設定して一括管理するソフトの利用も有効です。ただし、管理用パスワードは厳重な管理が必要です。

ソフトウェアキーボード

画面上に表示されたキーボードをタッチやクリックで入力する仕組みです。物理的なキーボードによるパスワード入力を盗み出すキーロガー対策としても使用されています。

ワンタイムパスワード

ワンタイムパスワードは、一度限りの使い捨てパスワードで、認証のたび、または一定時間が過ぎると使えなくなるようにすることで認証の安全性を高めています。ワンタイムパスワードの取得方法には、専用のアプリや小型機器により生成する方法、電話、SMS、電子メールなどにより送信される方法があります。

さまざまな認証方法

認証を強化するために、IDとパスワードの組み合わせ以外の方法も利用されています。

■生体認証

生体認証は、指紋や虹彩など個人に特有の生体情報で認証する方法です。

■USBキーによる認証

USBキーは物理的なキーです。おもにパソコンで利用され、USBポートに挿すとロックが解除されます。

■SNS認証連携

1つのIDとパスワードによるログインで、複数のサービスの認証を行う仕組みを**認証連携**といいます。別のサービスの認証をSNSの認証により行う方法が広く利用されています。なお、SNS認証連携は管理を簡便にできるという利点がありますが、SNSアカウントを不正利用される可能性もあるので注意が必要です。

▶178ページの解答　例題1　a　例題2　d

■2要素認証、2段階認証

2要素認証、2段階認証は、複数の認証手段を組み合わせることで安全性を高めています。

■2要素認証、2段階認証

2要素認証

本人だけが知っていること（パスワードなど）	本人だけが所有しているもの（USBキー、乱数表など）	本人自身の特性（生体情報など）

2つを組み合わせる。

2段階認証

認証1（IDとパスワードの入力） ➡ 認証2（送られてきた確認コードを入力）

認証を2段階で行う。

秘密の質問

「子どものころのあだ名は？」のように、利用者しか知らない質問と答えの組み合わせ（あらかじめ設定しておく）を、本人確認のために利用する機能です。パスワードを忘れてしまった場合やいつもと異なる環境や状況からのログインがあった場合に利用されます。

乱数表

ランダムな文字列（2桁の数字など）が一覧表のように記載された表のことです。オンラインバンキングなどに利用されており、乱数表の指定位置にある文字列を入力させることで認証を行います。

6 マルウェアや不正アクセス対策

公式テキスト153～159ページ対応

マルウェア感染や不正アクセスを許すと、深刻な被害を受けることになります。マルウェア感染の予防や感染時の対応、不正アクセスからの防御など、安全を保つためのさまざまな対策について知っておく必要があります。

SAMPLE 例題1 PC向けのセキュリティ対策ソフトに関する説明として**誤っているもの**を、選択肢から選びなさい。

- **a** セキュリティ対策ソフトだけでなく、WebブラウザのGoogle Chromeにも危険なWebサイト検知の機能がある。
- **b** 広く使われているセキュリティ対策ソフトを使用すれば、ほぼ完全にマルウェアを検知できる。
- **c** Windows OS自体にも、マルウェアの検知および除去を行うセキュリティ対策機能が備えられている。
- **d** セキュリティ対策ソフトが対応する前の脆弱性を突いた攻撃は、ゼロデイ攻撃と呼ばれる。

例題2 **次の説明が表しているもの**を、選択肢から選びなさい。

LANのようなネットワークに対する攻撃を防ぐために、ネットワークの外部と内部との出入口で、通信内容を監視する仕組みです。セキュリティソフトやWindowsなどのOSに搭載されています。

- **a** ワンタイムパスワード
- **b** ファイアウォール
- **c** プライバシーモード
- **d** セキュリティホール

例題の解説

解答は185ページ

例題1 セキュリティ対策ソフト（マルウェア対策ソフト）は、マルウェア感染を未然に防ぎ、感染した場合にはそれを除去する機能を持ちます。

a 多くのWebブラウザは、フィッシング詐欺サイトやマルウェアを配布するサイトを検知し、「危険なサイトである」ことをユーザに知らせる機能を持ちます。Google Chromeもこの機能を備えています。

b 広く使われているからといって、マルウェアの検知能力が高いということはありません。次々と登場する未知のマルウェアに、セキュリティ対策ソフトの対応が間に合わないこともあります（正解）。

c Windows 10などのWindows OSは、スパイウェアを含むマルウェアを検知し、除去するセキュリティ対策ソフトを搭載しています。

d ゼロデイ攻撃は、近年増加している攻撃パターンで、OSやアプリケーションソフトに未知の脆弱性（セキュリティホールという）、または修正プログラムが提供されていない脆弱性がある場合に、対策が施される前にその脆弱性に攻撃を仕掛けることです。

例題2 外部からの攻撃からネットワーク内部を守るために利用されるセキュリティ機能を、建物の防火壁からファイアウォールといいます。

a ワンタイムパスワードは一度だけ使われる使い捨てのパスワードです。

b 問題が説明しているものはファイアウォールです（正解）。

c プライバシーモードは、閲覧履歴や入力情報などを残さないようにWebブラウザを利用できるようにする機能です。

d セキュリティホールは、OSやアプリケーションソフトに生じる不具合や設定ミスで、セキュリティ上の弱点となるものです。

要点解説 6 マルウェアや不正アクセス対策

マルウェア感染の予防

マルウェアの被害を防ぐには、まずは感染しないことです。マルウェア対策ソフトを導入するほか、怪しいファイルのダウンロードや実行を行わないなどユーザ自身の注意により防ぐこともできます。

■マルウェア対策ソフトの導入

マルウェア対策ソフト（ウイルス対策ソフト）は、コンピュータ上に潜んでいるマルウェアを発見するためのプログラムです。記録メディア内のファイル、ダウンロードファイル、電子メール、閲覧するWebページなどを対象にマルウェアを検知します。マルウェアを検知すると、ユーザに警告する、マルウェアを隔離する、感染ファイルを削除する、マルウェアをファイルから除去するなどの処理を行います。

■マルウェア対策ソフトの種類

マルウェア対策ソフトは、フィッシング詐欺警告機能、ファイアウォール機能などを備えた統合セキュリティソフトとして提供されることが多く、代表的な開発・販売メーカーはトレンドマイクロ社、シマンテック社、マカフィー社、カスペルスキー社、ウェブルート社などです。

また、スマートフォン向けのアプリとしてさまざまなマルウェア対策ソフトが提供されていますが、対策が万全ではないもの、実態は不正アプリというものもあります。信頼できるメーカーのアプリを利用する必要があります。

Windows 10のWindows Defenderのように、パソコン向けのOSがセキュリティ機能を標準で備えていることもあります。移動体通信事業者がスマートフォン向けにセキュリティ対策アプリを提供していることもあります。

■マルウェア対策ソフトの利用上の注意点

マルウェアを検知する方法には、マルウェアのパターンの照合により検知する方法、マルウェアに共通する不審な振る舞いを検知する方法があります。前者の方法では、既知のマルウェアのパターンをあらかじめ定義ファイルに登録しておきます。定義ファイルは常に最新の状態に更新しておく必要があります。

なお、複数のマルウェア対策ソフトを1台のパソコンで動作させると、競合により十分に機能しない可能性があります。また、マルウェア対策ソフトの導入により、感染リスクを減らすことはできますが、すべてのマルウェアを検知するこ

▶183ページの解答　例題1　b　例題2　b

とは不可能です。

■電子メールからの感染予防

電子メールを介する感染を予防するために、次の点に留意します。

・添付ファイルはマルウェア検査を行ってから開く。
・知人からのメールでも不自然な点がある場合は信用しない。
・マルウェアの可能性が高い添付ファイル（拡張子が「.exe」「.com」などの実行形式ファイル、拡張子を偽装して画像ファイルやテキストファイルを装っているファイル）は開かない。
・不審なHTMLメールは開封しない。

■ダウンロードによる感染の予防

ダウンロードを介する感染を予防するために、次の点に留意します。

・信頼できないWebサイトからフリーソフトなどをダウンロードしない。
・ダウンロードしたファイルはマルウェア検査を行う。

■データの受け渡しによる感染の予防

記録メディアを介する感染を予防するために、受け取った記録メディアはマルウェア検査を行います。

■セキュリティ情報の収集

セキュリティソフトメーカーや公的機関がマルウェアに関する情報を公開しているので、積極的に活用しましょう。IPA（独立行政法人情報処理推進機構）、NISC（内閣サイバーセキュリティセンター）などが情報発信を行っています。

マルウェア感染したときの対処法

マルウェアに感染してしまったら、次の手順で対処します。

■マルウェア感染時の対応

マルウェア感染が疑われたら

コンピュータをネットワークから切断。他のコンピュータへの感染を防ぐ。

感染が疑われるコンピュータのシステム全体をマルウェア対策ソフトで検査し、マルウェアを除去する。ネットワークで接続されていたコンピュータに感染が拡がっている可能性があるので、これらも検査する。

マルウェアが除去できなかったら

感染していない別のコンピュータを使って情報収集する。セキュリティソフトメーカーが駆除ツールを配布することがある。

危険なWebサイトの検知

Google ChromeなどのWebブラウザは、アクセスするWebサイトが危険であると判断した場合にユーザに警告する機能を持ちます。Webサイトを閲覧中にマルウェアをダウンロードしようしたらダウンロードを中止する、危険なスクリプトが記述されているWebページではスクリプトを実行しない、といった機能も備えています。同様の機能はセキュリティソフトも備えています。

■Webブラウザによる危険なWebサイトの検知（Google Chrome）

また、移動体通信事業者やISPは、インターネットの利用における危険性への認識が十分ではない未成年者が有害な情報に触れたり犯罪行為に巻き込まれたりすることを防ぐために、危険なサイトへのアクセスを制限するフィルタリングサービスを提供しています。

spam（スパム）対策

一方的に送られるspam（迷惑メール）がマルウェアの感染元になることがあります。spamをできるだけ受け取らないように、次のような対策をとります。

・メールアドレスを安易に公開せず、公開が必要な場合は、公開用のメールアドレスを用意するか、画像での掲載や一部の文字を全角ひらがな・かたかなにしておく。
・spamには返信しない。
・HTMLメールの画像ファイルを読み込まない。
・メールソフトやISPのspam対策を利用する。

なお、spamによる被害を軽減するために、アンケートや懸賞への応募は、いつ捨ててもよいサブアドレスを作って利用するという方法もあります。

不正アクセスの防止

不正アクセスの脅威からネットワークを保護するセキュリティ上の仕組みに、**ファイアウォール**があります。ファイアウォールは、もともと「防火壁」という意味で、外部から行われる不正アクセスからネットワークを守るための仕組み（またはそのためのソフトウェア）です。ネットワークの内部と外部（インターネットなど）との間に設置し、内部と外部間の通信を制御します。WindowsなどのOSにも、ファイアウォール機能が備わっています。

OSやアプリケーションソフトのアップデート

OSなどのソフトウェアに存在するセキュリティホールは、マルウェアの感染経路や不正アクセスの侵入口になりやすいので、セキュリティホールが見つかると、ソフトウェアを提供する企業は修正プログラムを準備し、ユーザに配布しています。修正プログラムを適用することを**アップデート**といいます。アップデートを適用すると、セキュリティホールが修正されるので、できるだけ速やかに適用することがセキュリティ上重要です。

Windows OSの場合は、アップデートを行う機能をWindows Updateという名前で提供しています。なお、アップデートの提供はサポート期間中のみ行われるので、サポート期間が終了したOSやソフトウェアは使用しないようにしましょう。

家電やIoTデバイスにもセキュリティホールが生じるとOSやファームウェアのアップデートが提供されますが、通知がないなどの理由でそのままにされていることがあります。不正アクセスのリスクなどを減らすために、自主的にアップデートの有無を確認するようにしましょう。

ファームウェア

機器本体（ハードウェア）を制御するプログラムのことです。パソコンの代表的なファームウェアがBIOS（Basic Input/Output System：バイオス）です。

○×クイズ

次の説明のうち、正しいものには○、誤っているものには×を付けましょう。

① (　) OSのアップデートは、新しく機能を追加するために行われるので、必要がなければ適用しなくていい。

② (　) ファイアウォールは、ソフトウェアの欠陥のことである。

③ (　) マルウェアのパターンを定義ファイルに登録するマルウェア対策ソフトでは、定義ファイルを最新に保つことがセキュリティ向上につながる。

7 通信経路の暗号化

公式テキスト160～164ページ対応

インターネットや無線LANなどの通信経路で情報を安全にやり取りするための仕組みが暗号化です。インターネット上の通信を暗号化するためには、SSL/TLSという規格が利用されています。

SSL/TLSに関する説明として**適当なもの**を、選択肢から選びなさい。

- **a** 無線通信専用の暗号化規格である。
- **b** HTTPで必ず使用される。
- **c** Webサイトが誰のものかを証明するために使用される。
- **d** Google Chromeでは、SSL/TLSを使用できない。

例題2　無線LANの暗号化に関する説明として**適当なもの**を、選択肢から選びなさい。

- **a** Wi-Fiを利用したすべての通信内容は暗号化されている。
- **b** 暗号化されている無線LANを利用していれば、インターネット上の通信内容もすべて暗号化される。
- **c** 暗号化されている無線LANを利用するには、ESSIDとともに暗号化キーを入力する。
- **d** 暗号化が採用されている無線LANでは通信内容を完全に秘匿することができる。

例題の解説

解答は193ページ

例題1　SSL/TLS（Secure Sockets Layer/Transport Layer Security）は、通信を安全に行うための規格です。

- **a** SSL/TLSは、おもにインターネットなどの通信経路において通信内容の暗号化などを行う規格で、無線通信専用の暗号化規格ではありません。
- **b** HTTPはWebブラウザとWebサーバの通信に利用される規格で、通信内容は暗号化しません。HTTPにSSL/TLSの仕組みを組み合わせた規格にHTTPSがあります。
- **c** SSL/TLSは、通信内容の暗号化を行うほか、Webサイトの身元を認証する電子証明書にも使用されています（正解）。

d　Google Chromeを含む多くのWebブラウザがSSL/TLSに対応しています。

例題2　無線LANにおける通信内容の盗聴を防ぐためにWPA2などの暗号化方式が利用されています。

a　Wi-Fiは、IEEE 802.11シリーズの無線LAN規格の別名として普及している名称です。暗号化方式を採用していないWi-Fiでは通信内容が暗号化されません。

b　無線LANは、アクセスポイントである親機と無線LANに接続するスマートフォンなどの子機間の通信を無線で行う仕組みです。無線LANが暗号化されている場合、暗号化されるのは親機と子機の間だけで、インターネット上の通信内容までは暗号化されません。

c　無線LANに接続するためには、アクセスポイントを識別するESSIDを指定し、暗号化されている場合は暗号化キー（セキュリティキー、パスワードなどともいう）を入力します（正解）。なお、ESSIDと暗号化キーの設定を簡素化するため、設定を自動で行う仕組みも用意されています。

d　無線LANで利用される暗号化方式の中には、WEPのように解読が容易なことから利用が推奨されていないものもあります。また、公衆無線LANのように共有の暗号化キーを複数で利用する場合は通信内容が解読される可能性があります。

要点解説 7 通信経路の暗号化

SSL/TLS

インターネットを利用する通信内容を、攻撃者による盗聴や改ざんから守るためには、暗号化などの対策が必要です。**暗号化**は、鍵を使って情報を読み取れないように変換し、対応する鍵がないと元の情報に復元できないようにする仕組みです。暗号化はさまざまな場面で利用されていて、インターネット上の通信内容の暗号化には**SSL/TLS**（Secure Sockets Layer/Transport Layer Security）という規格が利用されています。SSL/TLSは情報の暗号化のほか、通信相手の身元を保証するために使われる電子証明書にも利用されています。

■Web閲覧におけるSSL/TLSの利用

WWWではWebブラウザなどのクライアントがWebサーバなどとの間で通信を行います。このときに利用される通信プロトコルには、HTTP（URLがhttpで始まる）とHTTPS（URLがhttpsで始まる）があります。HTTPは通信内容を暗号化せずに送ります。**HTTPS**はHTTPにSSL/TLSを追加したもので、通信内容を暗号化します。個人情報など秘匿したい通信内容の場合はHTTPSを利用します。

○×クイズ（189ページ）の答え：①　×　②　×　③　○

■ **Webブラウザ上の表示**

Google ChromeなどWebブラウザの多くがSSL/TLSに対応しています。表示中のWebページでSSL/TLSによる暗号化が行われていると、アドレスバーに鍵のアイコンなどを表示して示します。

■ **Webサイトの安全性に関するステータス（Google Chromeの例）**

保護された通信（暗号化されているサイト）

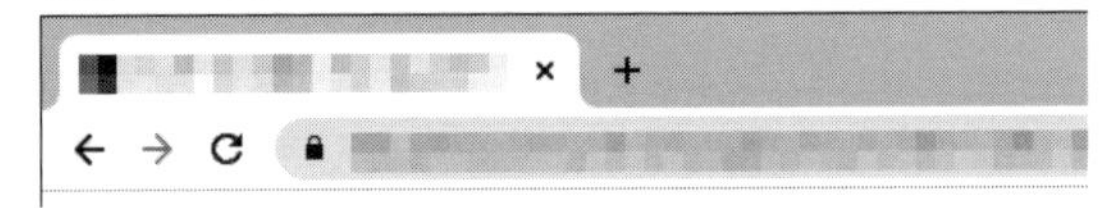

保護されていない通信（暗号化されていないサイト）

保護されていない通信（危険なサイト）

■ **電子メールにおける暗号化**

電子メールの送受信の際には、一般にSMTP、POP3、IMAPといった通信プロトコルが使われます。これらのプロトコルでは電子メールを平文のままで送受信するので通信内容の盗聴の危険性が高くなります。SMTP、POP3、IMAPにSSL/TLSを追加したSMTPS、POPS、IMAPSというプロトコルを利用すると、対応しているメールソフトやメールサーバの間の通信を暗号化することができます。電子メール自体を暗号化するS/MIMEやPGPもあります。いずれも、送信側と受信側の双方が対応している場合に限り利用することができます。

電子署名と電子証明書

通信経路が暗号化できても、通信相手が正当な相手ではない可能性は残ります。通信相手が正しいか確認する手段として、電子署名や電子証明書が利用されます。

■電子署名

電子署名は、現実世界における署名（サイン）や捺印と同じ役割を持つデータです。電子署名の正当性は、暗号化と同じように鍵を使って確かめます。

■電子署名の仕組み

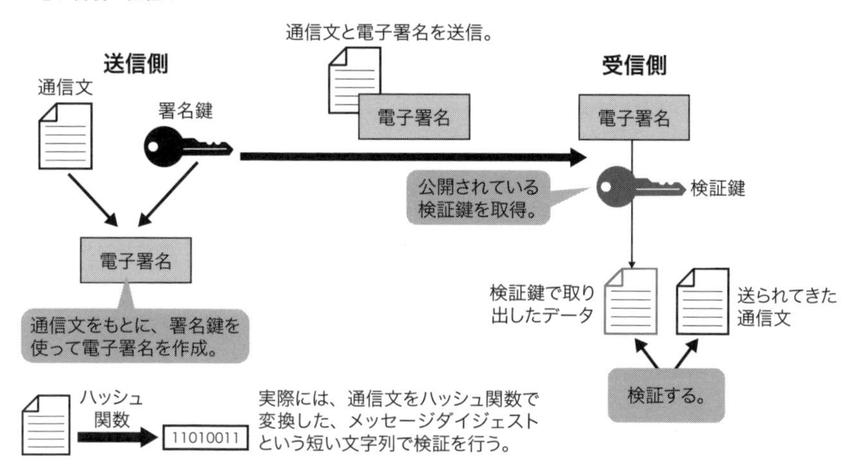

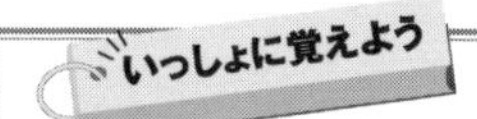

実際には、通信文をハッシュ関数で変換した、メッセージダイジェストという短い文字列で検証を行う。

■電子証明書

電子署名の検証に利用する検証鍵（公開されているので公開鍵ともいう）が改ざんされると、偽の電子署名の作成が可能になります。このような場合に備えて、信頼できる第三者（認証局という）に検証鍵の証明書を発行してもらうことで、本来の所有者が作成した電子署名であることを証明しています。これを**電子証明書**といいます。信頼できる認証局が発行する電子証明書は信頼できるという仕組みです。

> **いっしょに覚えよう**
>
> **認証局**
>
> 証明書を発行する認証局に第三者機関ではなく自前の認証局を使用することもあります。第三者の認証局には厳格な審査を行う機関もあれば簡単な審査しか行わないところもあります。

■EV証明書

電子証明書の仕組みは、SSL/TLSによるWebサイトの身元確認にも利用されています。信頼できる第三者の認証局による厳格な審査を通過したWebサイトに発行される電子証明書を**EV証明書**（EV-SSL証明書）といいます。

▶190ページの解答　例題1　c　例題2　c

無線LANのセキュリティ

無線LANがデータの送信に利用する電波は、誰でも傍受することができるので、盗聴対策が必要です。盗聴対策には暗号化が有効であり、無線LANの暗号化方式として、WEPやWPA、WPA2などを利用することができます。最も古くからあるWEPは安全性の低さからすでに利用が推奨されておらず、現在、暗号化方式として安全とされているのはWPA-PSK（AES）、WPA2-PSK（AES）です。また、WPA2に脆弱性が発見されていることから、WPA2を改良したWPA3が登場しています。

暗号化された無線LANを利用するには、ESSIDとともに暗号化キー（セキュリティキー、パスワードともいう）の入力が必要です。暗号化キーが盗まれると通信内容が盗まれることになるので、パスワードと同じように推測されにくい文字列に設定します。

なお、フリーサービスとして提供される公衆無線LANの多くは、接続するユーザ全員が同じ暗号化キーを利用する環境になっているので、通信内容が盗聴される可能性が高まります。

○×クイズ

次の記述のうち、正しいものには○、誤っているものには×を付けましょう。

①（　）HTTPにSSL/TLSを追加したものがHTTPSである。
②（　）Webサイトの身元を確認するために電子証明書が使用される。
③（　）無線LANの暗号化に使われる規格のうち、WPA2よりもWEPのほうが安全である。

第5章

インターネットをとりまく法律とモラル

.com Master BASIC

1 インターネット上のモラル

公式テキスト166～174ページ対応

現実社会において常識や礼儀などに則って行動するように、インターネット上の「社会」においてもルールやマナーに配慮する必要があります。また、インターネット上には真実や嘘を含め、さまざまな情報が流されています。これらの情報を正しく見分ける力も養う必要があります。

受信したメールを「全員に返信」ボタンを使って返信することが、**マナー上の問題になる可能性がある**のはどの場合か、選択肢から選びなさい。

a　TOで指定されて受信したメールへの返信
b　CCで指定されて受信したメールへの返信
c　BCCで指定されて受信したメールへの返信
d　自分のメールアドレスが登録されているメーリングリストがTOで指定されて受信したメールへの返信

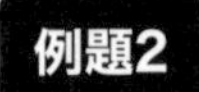

Twitterで「フェイクニュース」の可能性が高い投稿を見つけた。この後にとった行動として**もっとも適当なもの**を、選択肢から選びなさい。

a　投稿を即座にリツイートした。
b　別のSNSで投稿を紹介した。
c　投稿へのリンクを電子メールに張り付けて友人に送った。
d　何もしなかった。

例題の解説

解答は199ページ

例題1 メールの宛先には、TO、CC、BCCの3種類を指定することができます。同一のメールを複数の相手に同報する場合、送る相手によってTO、CC、BCCを使い分けます。

TOは、本来メールを送りたい相手を宛先に指定します。CCは、本来の宛先ではなく参考として送っておきたい相手を宛先に指定します。TO、CCで指定されて受信したメールの場合、誰にメールが送られたかを宛先に指定された全員が知ることになります。BCCは、CCと同じように参考として送っておきたい相手だが内密にしておきたい場合に宛先に指定します。BCCで指定されて受信したメールの場合、自分にメールが送られたことは、差出人以外は誰も知らないことになります。

a 自分宛のメールに返信するので、全員に返信してもマナー上の問題になる可能性があるとは考えられません。

b 自分は本来の宛先ではありませんが、メールがCCで送られていることは全員が知っているので、必要に応じて全員に返信してもマナー上の問題になる可能性があるとは考えられません。

c BCCで受信したメールに対し全員に返信すると、差出人のほかにTO、CCで指定されていた相手も宛先に指定されてしまいます。そのままでメールを送信すると、TO、CCで指定されていた相手は、差出人がBCCを使用していたことを知ることになります。差出人がメールの宛先を使い分けた意図を無視することになり、マナー上の問題になる可能性があります（正解）。

d メーリングリストは、専用のメールアドレスに送信すると、登録された複数の宛先に電子メールを同報する仕組みです。メーリングリストによって受信したメールに返信すると、メーリングリストに登録されている全員に返信されます。メーリングリストを利用する目的にかなっているので、マナー上の問題になる可能性があるとは考えられません。

例題2 「フェイクニュース」は、信頼できるニュースであるように装って、実際は虚偽である内容のニュースのことです。フェイクニュースが広まって話題を集めると、偽のニュースを事実であると信じる人も現れ、逆に信頼性の高いニュースが虚偽であるとゆがめられて伝えられることもあります。

a、b、c 「誤った」情報であるフェイクニュースを広めると、フェイクニュースを真実と信じた人が誤った判断をしてしまうこともあります。発信元は1か所でも、一人一人が拡散することによってフェイクニュースは話題を集め、さらに大きく広がっていきます。

d フェイクニュースの可能性が高い場合は拡散しないことが賢明です（正解）。

○×クイズ（194ページ）の答え：① ○ ② ○ ③ ×

要点解説 1 インターネット上のモラル

情報発信やコミュニケーションの際の心がまえ

SNS、掲示板やQ&Aサイト、電子メールなどを利用して情報発信や情報伝達を行う場合は、発信・伝達した内容がどのように受け止められるか、誰が見るのか、発信・伝達した内容がどのように受け止められるか、といったことに配慮する必要があります。

他人への誹謗中傷、他人への脅迫や企業の業務を妨害するような虚偽内容を発信するような迷惑行為は、軽い気持ちで行ったことでも罪に問われたり、損害賠償の対象になったりすることもあります。他人の著作物を無許可で掲載したり、個人情報などプライバシーにかかわる内容を書き込んだりする行為も同様です。インターネット上での「発言」には責任が伴うことを覚えておきましょう。

■情報発信・伝達の際の心がまえ

情報発信の際の心がまえ

情報を受け止る側への配慮
表情やしぐさ、声のトーンなどが伴わないので、意図したとおりに受け止められない可能性がある。

情報の公開範囲への配慮
一部の人に向けて発信したつもりが、不特定多数の人に伝わってしまうことがある。

常識的な情報発信
「匿名＝何を言ってもいい」とはならない。虚偽の内容、著作権やプライバシーなど他人の権利を侵害するような情報を発信しない。

他人の発信内容への対応

「炎上」に発展させないための心がまえ
不快に思っても感情的に反論せず、時間を置くなど冷静に対応する。

悪質な場合の対応
明らかな嫌がらせや誹謗中傷の場合は、専門の相談窓口に相談する。

「場」のルールの尊重

ガイドラインやサイトポリシーの順守
多くの人が参加しているサービスでは「決まりごと」を守って利用する。

いっしょに覚えよう

炎上

ブログやSNSなどの投稿に対して、大勢の人から非難や誹謗中傷が集中して寄せられ、収拾がつかなくなる状態になることをいいます。

インターネット上の相談窓口

誹謗中傷やプライバシーを侵害するような情報がインターネット上に掲載されてどうしたらよいかわからない方のために、警察や行政など多くの公共機関が相談窓口を用意しています。手段を講じても解決しない場合は弁護士に相談するという方法もあります。

法務省：常設相談所

（法務局・地方法務局・支局内）

みんなの人権110番（全国共通人権相談ダイヤル）

http://www.moj.go.jp/JINKEN/jinken20.html

インターネット違法・有害情報相談センター

http://www.ihaho.jp

政府広報オンライン

暮らしに役立つ情報　インターネットを悪用した人権侵害に注意！

http://www.gov-online.go.jp/useful/article/ 200808/3.html

都道府県警察本部のサイバー犯罪相談窓口等一覧

http://www.npa.go.jp/cyber/soudan.htm

日本司法支援センター

法テラス

http://www.houterasu.or.jp

■インターネットサービス利用上の注意点

SNS、掲示板やQ&Aサイト、電子メールの利用において、他人との交流や情報発信を友好的かつ有益に行うために、配慮すべき注意点を示します。

■SNS利用上の注意点

個人情報、プライバシーを不用意に開示しない

- 他人のプライバシーを侵害する内容を公開しない。
- 友人の写真を無断で公開しない。
- 著名人の写真を勝手に撮影して投稿しない。

デマや誤情報を拡散しない

- リツイートなどを行う前に情報が信頼できるか真偽を確かめる。

他人を傷つけない

- まわりの雰囲気に流されず、「ネットいじめ」のような行為に加担しない。

発信内容へのリアクションを強要しない

- コメントや共感の「いいね」を強要しない。
- 既読マークが付いても相手がすぐ返信できる状態にない可能性に配慮する。

メッセージの誤送信への注意、送る時間帯を考える

- メッセージを送る相手を間違っていないか確認する。
- 相手に迷惑となる時間帯には送信しない。

知らない人からのコンタクトにすぐ反応しない

- 知らない人からの「友だち追加」のリクエストやダイレクトメッセージは、spamの可能性もあるので、すぐに許可や返信を行わない。

▶196ページの解答　例題1　c　例題2　d

■掲示板、Q&Aサイト利用上の注意点

重複投稿を避ける	件名はわかりやすくする	1つの話題でまとめる
●同じ内容（質問など）を複数の掲示板やQ&Aサイトに投稿しない。 ●過去の投稿内容などを参照する。	●件名を書く場合は、見て内容がすぐわかるようにする。	●読む人が理解しやすいように、1つのメッセージは1つの話題にまとめるようにする。

感謝の気持ちは言葉で表す	場の空気を壊さない	広告を不用意に書き込まない
●質問への回答をもらったら礼を述べることを忘れない。	●途中参加する場合は、過去の発言を参照し、前後の流れに配慮する。	●広告の書き込みの可否を確かめる。

■電子メール利用上の注意点

受信者の読みやすさに配慮する	宛先の種類を正しく設定する	受信制限によりメールが届かないことがある
●わかりやすい件名を全角20文字程度にまとめる。 ●メールソフトの署名（シグネチャ）機能などを利用して、メール本文に送信者情報を記載する。	●宛先（TO）、CC、BCCを正しく使い分ける。とくにBCCの使用方法に配慮する。	●相手のメールサーバがドメイン名による受信制限を行っているとメールが届かないので注意する。

添付ファイルのサイズに気をつける	HTMLメールは避けるほうがよい	返信、引用、転送の際の注意
●相手が受信可能なサイズに留めておく。 ●大きいサイズを送る場合はクラウドストレージやファイル転送サービスを利用する。	●セキュリティ上、相手がHTMLメールを表示しない設定にしている可能性があり、その場合は意図どおりに伝わらなくなる。	●返信、転送であることがわかるように、件名に自動的に付く「Re:」「Fw:」をそのままにして変更しない。 ●引用する際は内容を書き換えない。 ●転送の際は差出人のプライバシーや著作権などに配慮する。また、内容は書き換えない。

インターネット上の情報の取り扱い

ニュースや辞典・事典の掲載内容など、「知りたいこと」の入手手段にインターネットが広く利用されています。インターネット上には莫大な量の情報が流れていますが、その中身は玉石混交です。信じられる情報と不確かな情報を正しく見極める力を養う必要があります。

■メディアリテラシー

メディアは、情報を伝達するための「手段、媒体」という意味であり、情報を人から人に伝達するための機関やシステムなどすべてを指します。新聞、雑誌、テレビ、ラジオは4大マスメディアと呼ばれ、これらはインターネット普及以前から存在するメディアです。

メディアによって伝えられる情報によって、人々の考えや行動が左右されることから、メディアには常に信ぴょう性の高い情報の発信が求められます。しかし、情報が発信されるまでに人の手を介することもあり、必ずしもすべての人にとって公平公正な情報だけが発信されるとは限りません。また、同じ情報でも受け取った人によって受け止め方が異なり、情報をきっかけに誤解や争いが生じることもあります。

一方で、情報を上手に利用すると、人々の生活を便利で豊かなものにすることができます。情報を利用する側である私たちには、情報の信頼性を見極め、正しく活用する力である**メディアリテラシー**を身につけることが求められます。

■ニュースの信ぴょう性

インターネットは、最新のニュースを知るためのメディアとしても利用されており、ニュースを掲載するサイトをニュースサイトといいます。ニュースサイトには、大手のメディアによるものやインターネット専門メディアによるもの、大手ポータルサイトが各ニュースサイトで配信されたニュースをまとめて掲載するものもあります。

ニュースとして発信された情報は一見正しく見えますが、著名なマスメディアが誤った情報を発信することもあり、情報源が不確かな情報をニュースとして発信していることがあります。

また、もっともらしいニュースとして発信されてはいるものの実は虚偽であるニュースを表現するために、「**フェイクニュース**」という言葉が広く使われるようになりました。発信元はさまざまで、マスメディアや著名人が発信元である場合もあります。フェイクニュースは誤った情報を広めるものであり、中には実社会に悪影響を及ぼすものもあります。もっともらしく見えるニュースでも、複数のニュースサイトのニュースを見比べる、情報の発信元を確かめるなど、さまざまな方向から調べて真偽を判断する姿勢が必要です。

■ウィキペディア

ウィキペディア（Wikipedia）は、「インターネット上の百科事典」としてよく知られるサイトで、一般的なことから専門的なことまで、多くの事柄について解説された記事を閲覧することができます。知らない言葉についてインターネットで検索を行うと、ウィキペディアの該当ページが検索結果一覧の上位に表示されることが多くあり、多くの人が情報源として利用するメディアです。

ウィキペディアに掲載されている記事はすべて、その方針に賛同した一般のユーザが編集を行っています。一般のユーザにはその事柄に詳しい有識者が含まれることもありますがそうでないこともあり、記事の正当性が保証されているとはいえません。記事内容の確認も行われていますがボランティアによるものが多く、ウィキペディアに掲載されている記事を利用する場合は真偽を確かめる必要があります。

■口コミ

掲示板やSNS、ブログ、口コミサイト、Q&Aサイトなどに掲載される口コミ情報は、個人が発信した情報です。個人の実際の体験をもとにしたリアルな感想や意見、マスコミが取り上げないような情報やマニアックな情報が得られるとして、多くのユーザに利用されています。一方で、すべてが信頼できるとはいえず、口コミ代行業者による作られた口コミも存在し、口コミと実際の商品・サービスが異なっていたということもあります。口コミ情報はあくまでも「参考意見」であることを認識する必要があります。

CGM

CGM（Consumer Generated Media）は、「消費者によって生成されるメディア」という意味です。ウィキペディア、掲示板やSNS、ブログ、口コミサイト、Q&Aサイトのように、一般ユーザが参加してコンテンツが作られていくような媒体を指します。

○×クイズ

次の行為のうち、適切なものには○、不適切なものには×を付けましょう。

①（　）友人を写した写真を友人の許可を得ずにInstagramに投稿した。
②（　）Facebookで知らない人から「友だち追加」のリクエストが来たので、これを了承した。
③（　）Twitterで、友人のツイートが、真偽は不明だが話題を集めそうな内容だったので、これをリツイートした。

2 知的財産権

公式テキスト176～181ページ対応

Webページに挿入される文章、写真、イラスト、音声、Webページのデザインなどの構成要素には、著作物としての著作権が発生します。インターネットやパソコン、ソフトウェアを正しく利用するには、著作権法を始めとする知的財産権についての知識が必須です。

SAMPLE
例題1 第三者が撮影した人物が写っている画像を無断で自分のWebページに掲載した場合、以下の(1)、(2)の権利について侵害のおそれがあるものとして**適当なもの**を、選択肢から選びなさい。

(1) 画像の著作権
(2) 被写体の肖像権

a (1)のみ
b (2)のみ
c (1)と(2)
d 該当なし

例題2 ソフトウェアをインストールするときなど「アクティベーション」が必要となることがある。アクティベーションの説明として**適当なもの**を、選択肢から選びなさい。

a インストール済みのアプリケーションに変更が発生した際、既存のバージョンに対して行う更新作業のこと
b パソコン販売業者が事前にソフトウェアをインストールし、販売すること
c シリアルIDと合わせてパソコンの識別情報をソフトウェアメーカーに登録し、第三者の利用や複数のパソコンでの利用を防止すること
d パソコンに周辺機器を接続する際、手動で設定作業をすることなく、OSが自動的にデバイスドライバを検出して最適な設定を行う機能のこと

例題の解説

解答は207ページ

例題1 Webページでは文章、写真、絵、音声、動画などさまざまな情報を公開することができますが、公開の際には著作権法などの法律、個人のプライバシーなどさまざまなことに配慮しなければなりません。問題の場合では、第三者が撮影した画像、つまり写真であること、写真の被写体として人物が写っていることで、問題が発生する可能性があるかどうかを検討する必要があります。

⑴ 著作物の著作権は著作権法により保護されます。著作権法における著作物とは、思想や感情を創作的に表現したもので、文芸、学術、美術、音楽の範囲に属するものをいいます。著作物は著作権法により他者が自由に利用できる範囲が定められています。これを超えて利用することは、著作権侵害となります。

　Webページで著作物を公開する際に、著作権侵害が発生することがあります。写真は著作物の一種であり、著作権は撮影者に帰属します。問題の場合、第三者が撮影した写真を無断で自分のWebページに掲載しているので、著作権を侵害します。

⑵ 肖像権は、自分の姿を無断で、撮影、公開されない権利です。Webページでの公開も含まれます。問題の場合、被写体である人物に無断でWebページに掲載しているので、肖像権の侵害となるおそれがあります。

以上より、問題が発生する危険性があるものは⑴と⑵です（**c**が正解）。

例題2 ソフトウェアによっては、そのソフトウェアを使用するパソコンを制限するために、ユーザに「アクティベーション」という操作を要求するものがあります。

a アップデートの説明です。発売後のアプリケーションに不具合やセキュリティ上の欠陥が見つかるとその修正や改良が発売元のメーカーなどで行われ、すでに発売されたアプリケーションを修正するための更新データがユーザに提供されます。アプリケーションの修正や改良は繰り返し行われるので、これらの履歴をバージョンで管理します。

b プリインストールの説明です。必要なソフトウェアがすでにインストールされていれば、ユーザが自ら購入してインストールすることなく使用できます。

c アクティベーションの説明です（正解）。アクティベーションは、WindowsのようなOSでも導入されています。

d プラグアンドプレイの説明です。デバイスドライバは、周辺機器を制御する機能をOSに提供するソフトウェアのことです。デバイスドライバがないと周辺機器を動かすことができません。プラグアンドプレイによって、自動的にデバイスドライバが設定されます。

要点解説 2 知的財産権

知的財産権

インターネット上で発信した情報が他人の権利を侵害することがあります。とくに注意を必要とするのが**知的財産権**です。知的財産権にはさまざまな種類があり、それぞれ法律によって保護されています。なお、特許権、実用新案権、意匠権、商標権の4つは、とくに**産業財産権**といいます。

■知的財産権の種類と権利内容など（日本国内の場合）

種類	権利の内容	権利の発生	保護期間
著作権	絵画、音楽、文章などの創作物を保護する。	著作物を創作した時点で自動的に発生。	原則、著作者の生存期間と没後70年。
特許権	発明を保護する。	出願し、設定登録することで発生。	出願の日から20年。
実用新案権	物品の形状、構造または組み合わせにかかる考案を保護する。	出願し、設定登録することで発生。	出願の日から10年。
意匠権	意匠（デザイン）を保護する。	出願し、設定登録することで発生。	登録の日から20年。
商標権	商標（文字、図柄など）を保護する。	出願し、設定登録することで発生。	登録の日から10年（何度でも更新可）。

著作権

著作物の著作権は、**著作権法**によって保護されます。著作権者は、著作者などです。著作権法における**著作物**とは、思想や感情を創作的に表現したもので、文芸、学術、美術、音楽の範囲に属するものをいいます。

著作者とは「著作物を創作する者」をいい、著作権は著作者のみに属する**著作者人格権**と、著作（権）者の経済的利益に係る**著作権**（財産権）に分けられ、著作権（財産権）は他者への譲渡可能ですが、著作者人格権は譲渡不可能です。これらの著作権は、著作物を創作した時点で発生し、とくに登録する必要はなく、著作者の生存期間中と死後70年間保護されます。

著作者人格権

著作者人格権には、著作物を公表する権利（公表権）、作者名を表示する権利（氏名表示権）、著作物を意に反して改変されない権利（同一性保持権）があります。

著作物の利用

著作物の利用については、著作物を、複製する権利、上演・演奏・上映する権利、インターネットで送信するなどの公衆送信を行う権利、他者に譲渡する権利、翻案・翻訳する権利などが規定されています。他人の著作物を勝手に利用するこ

○×クイズ（202ページ）の答え：① × ② × ③ ×

とは著作権法に違反します。Webページやブログなどに無断で掲載する行為も違反に該当します。
なお、著作権利用には例外があり、定められた条件のもとでは他人の著作物を利用することができます。

■私的使用のための複製

自分自身や家族のためにコピーする私的利用は原則として認められています。ただし、**コピープロテクション**（コピーされないように防止する技術的な手段や方式）を回避してコピーすることは違法です。また、デジタル方式の録音録画機器を用いてコピーを行う場合は、**私的録音録画補償金制度**により補償金の支払が必要です。たとえば記録用のDVDメディアには録画用とデータ用とがあり、録画用の場合は補償金が価格に上乗せされています。なお、デジタルミュージックプレーヤやスマートフォン、パソコンへの録音録画は、現時点でこの補償金制度の対象にはなっていません。

■引用

自分の著作物のために、公表された他人の著作物を引用することは、引用が公正な慣行に合致すること、目的上正当な範囲内であること、自分の著作物と引用部分の主従関係が明確であること、また引用部分の明確な区別や出所の明示があることなどの条件のもとで認められています。

■教育の情報化への対応

ICTを活用して教育の質の向上を図るため、2018年の著作権法改正により、学校の授業や予習・復習用に著作物をネットワーク経由で生徒の端末に送信することが、個々の権利者の許諾を得ることなく、指定管理団体にまとめて補償金を支払うことで可能になりました。

著作権に関するWebサイト

著作権の詳細については、文化庁（https://www.bunka.go.jp/seisaku/chosakuken/index.html）、公益社団法人著作権情報センター（略称CRIC、https://www.cric.or.jp/）、一般社団法人日本音楽著作権協会（通称JASRAC、https://www.jasrac.or.jp/copyright/index.html）のWebサイトなどで紹介されているので確認してみましょう。

インターネットにおける著作権などを侵害する行為

インターネット上で著作物を取り扱う場合などに、著作権を中心に他人の権利を侵害することがあります。どのような行為が権利を侵害するのか、把握しておく必要があります。

■文章

文章の著作権は著作権者に属し、電子メールやWebページも含まれます。

■写真

写真の著作権は、撮影者に属します。公開する写真に人物が写っている場合は、肖像権（有名人の場合はパブリシティ権）やプライバシーの侵害のおそれがあります。なお、背景に写り込んだ著作物が「撮影対象からの分離が困難」「写真全体の軽微な構成部分と認められる」場合は、著作権の侵害には当たりません（ただし、著作権者の利益を不当に害さない場合）。

■絵画やイラスト

絵画やイラスト、マンガ、アニメの著作権は、制作者に属します。有名人の似顔絵は、その有名人のパブリシティ権の侵害となるおそれがあります。

■音楽

楽曲の著作権は作曲者に、歌詞の著作権は作詞者に属します。また、演奏の実演や原盤の権利（レコードやCDの権利）として著作隣接権が発生します。替え歌は、著作権（財産権）の侵害に加えて、著作物の改変とみなされ、同一性保持権の侵害の対象となることがあります。

■映画やテレビ番組

映画や番組そのものの著作権、出演者の肖像権、使われている音楽の著作権などさまざまな権利が発生します。動画共有サイトなどにテレビ放送や映画などを著作権者の許可なくアップロードする行為、違法にアップロードされていると知りながら動画などをダウンロードする行為（いわゆる「違法ダウンロード」）も著作権法に違反します。

▶203ページの解答　例題1　c　例題2　c

いっしょに覚えよう

肖像権とパブリシティ権

肖像権とは、自分の姿を無断で写真などに撮られたり、無断で公開されたりしない権利です。公開には、Webページなどインターネット上の公開も含まれます。パブリシティ権は著名人が有する権利で、「氏名・肖像から生じる経済的利益ないし価値を排他的に支配する権利」、つまり、著名人の肖像や氏名には価値があることから、正当な理由なく、その肖像や氏名を第三者に使用されない権利です。

デジタル放送の録画番組

著作権保護方式「ダビング10（ダビングテン）」を採用している場合、外部メディアにコピー9回と、ムーブ1回（録画機のハードディスクからは消える）が許可され、孫コピーはできません。

ソフトウェアの著作権

コンピュータプログラムは著作物として著作権法により保護されます。パソコンなどでソフトウェアを利用する際には権利の侵害に注意する必要があります。

■ライセンス契約

著作権法による保護対象であるソフトウェアを購入するということは、ソフトウェアの「使用権を買う」ということであり、「販売会社と**ライセンス契約**を結ぶ」ということです。ライセンス契約を結んだからといって、すべてを自由に使用してよいということはなく、契約で定められた使用方法に従って使用する必要があります。

ライセンス契約により、ソフトウェアをインストールできるパソコンの台数などは制限されます。企業などで同一のソフトウェアを複数台のパソコンで利用する場合は、ボリュームライセンス契約を締結します。

ライセンス契約の範囲を超えてインストール（契約外のパソコンへのインストールや制限台数の超過）する行為やソフトウェアをコピーして再配布する行為は契

いっしょに覚えよう

プリインストール

購入したパソコンなどにソフトウェアがすでにインストールされていることです。プリインストールされたソフトウェアのライセンス契約は単独で購入した場合のライセンス契約の内容と異なることがあり、プリインストールされたパソコンでしか利用できないなどの制限が付くことがあります。

ソースコード

コンピュータ用のプログラミング言語を用いて記述されたコンピュータプログラムで、ソフトウェアの設計図に当たります。

約違反であり、著作権の侵害となります。

アクティベーション

アクティベーションは、正規の利用者だけが機器やソフトウェアを利用できるようにする認証機能です。ソフトウェアをインストールする際に、シリアルIDとパソコンの識別情報をソフトウェア販売会社などに登録し、登録したパソコン以外での利用や複数のパソコンでの利用といった契約外の利用を防止します。アプリケーションソフトやWindowsなどのOSで、アクティベーションは導入されています。

ダウンロードで提供されるソフトウェアのライセンス

ダウンロードで提供されるソフトウェアの中には無料で入手できるものが多数含まれています。ただし、ソフトウェアごとにライセンスの種類が定められているので利用の際は注意が必要です。

■ダウンロードで提供されるソフトウェアのライセンスの種類

種類	説明
シェアウェア	一定期間無料で利用でき、継続して利用する場合には対価を支払うソフトウェア。利用者は、試用してから継続利用を決められるというメリットがある。販売コストや管理コストを節約できるので参入のハードルが低い。
フリーソフト（フリーウェア）	無料で利用できるソフトウェア。個人が作成したソフトウェアを善意で公開するものが多く、種類も多いが、品質はさまざまである。
オープンソースソフト（オープンソース）	ソースコードが広く公開され、誰でもそのソースコードを修正･改良して使用･再配布できるソフトウェア。利用するのに使用料がかからないことが一般的。ただし、一部のオープンソースソフトでは、手数料や有償のサポート契約を必要とする。代表的なオープンソースソフトとして、OSのAndroidやLinuxなどがある。

つながりクイズ

関係の深い項目を線でつなぎましょう。

① オープンソース・　　・ア　試用期間の後、継続利用するには対価を支払う。
② シェアウェア　・　　・イ　無料で利用できる。
③ フリーソフト　・　　・ウ　ソースコードが公開されている。

3 電子商取引

公式テキスト182～187ページ対応

インターネットなどのネットワークを利用して行われる商取引を、電子商取引といいます。一般のユーザに身近な電子商取引がオンラインショッピングやネットオークションなどです。これらの取引を円滑かつ適切に行うために、関連する法律や、利用の際に注意すべき点について取り上げます。

オンラインショップでの取引が成立する時期を選びなさい。

a　消費者が購入ボタンを押したとき
b　ショップ側が注文承諾のメールを送信したとき
c　消費者のメールサーバにショップからの注文承諾のメールが届いたとき
d　消費者がショップからの注文承諾のメールを読んだとき

オンラインショッピングに関連する説明として**誤っているもの**を、選択肢から選びなさい。

a　ショッピングサイトでは運営者などの情報を記載することが、特定商取引法で定められている。
b　決済手段にはクレジットカード決済、銀行振込、代金引換、コンビニ決済などがある。
c　SSL/TLSに非対応なショッピングサイトは、セキュリティ上問題がある。
d　Amazonのショッピングサイトで販売されている商品は、すべてAmazonが販売している。

例題の解説

解答は213ページ

例題1 法律により、オンラインショッピングのような電子商取引における契約の成立時期について、注文を受けたオンラインショップ側の承諾メールが消費者の利用している受信メールサーバに到着した時点で契約が成立（到達主義を採用）すると定められています。なお、2017年に改正される前の民法では、遠隔地間の契約について、承諾の通知が発信された時点に契約が成立（発達主義を採用）するとしており、承諾の通知が瞬時に届くオンラインショッピングの契約においては、民法の特例として定められた電子消費者契約法により、到達主義を採用していました。2017年の民法改正により（2020年4月施行）、すべての遠隔地間の契約の成立時期が、到達主義に一元化されています（あわせて電子消費者契約法も改正された）。

a 消費者が購入ボタンをクリックして、注文の意思を伝えただけでは売買契約は成立しません。ショップ側の注文承諾の意思が消費者に届いてはじめて契約は成立します。

b ショップ側が注文承諾メールを送信した時点ではなく、消費者のメールサーバに届いた時点です。

c ショップからの注文承諾の通知メールが消費者のメールサーバに届いた時点で、売買契約が成立します（正解）。

d ショップ側の注文承諾メールを消費者が読んだ時点ではなく、消費者のメールサーバに届いた時点です。

例題2 オンラインショッピングは実店舗での買い物と異なり、商品実物を見ることができないので期待していたものとは異なるものが届く、代金を払ったのに商品が届かないといったリスクがあります。トラブルを避けるために、オンラインショップのWebサイトを十分に確認することが必要です。

a 特定商取引法により、商品の価格と送料、支払時期と方法、引き渡し時期、販売業者の名前、住所、電話番号、代表者名、売買契約の申し込み撤回・売買契約の解除に関する事項などの記載がショッピングサイトには義務付けられています。

b ショッピングサイトにより利用できる決済手段（代金の支払方法）の種類が異なりますが、クレジットカード、銀行振込、代金引換、コンビニ決済などの決済手段が利用されています。

c オンラインショッピングでは個人情報をやり取りする必要があるので、通信を暗号化するSSL/TLSに対応していることを確認して利用すべきです。

d Amazonのショッピングサイトには、Amazon以外の業者が商品を出品することができ、Amazonの仕組みを利用して販売しています（正解）。

つながりクイズ（209ページ）の答え：① ウ ② ア ③ イ

要点解説 3 電子商取引

特定商取引法

特定商取引法（特定商取引に関する法律）は、訪問販売や通信販売などを行う事業者を規制する法律です。インターネットを利用した通信販売（オンラインショッピング）もその対象とされ、オンラインショッピングで発生する被害から消費者を守り、その利益を保護します。

■特定商取引法に基づく表記

特定商取引法では、ショッピングサイトで事業者に、

①価格と送料
②代金の支払時期と方法
③商品の引き渡し時期
④売買契約の申し込みの撤回または売買契約の解除に関する事項（返品の特約がある場合はその内容を含む）
⑤販売業者または役務提供事業者の氏名または名称、住所、電話番号、代表者または責任者の氏名
⑥申し込みの有効期限があるときはその期限
⑦商品に隠れた瑕疵（かし）がある場合に、販売業者の責任についての定めがあるときはその内容
⑧商品の販売数量の制限など、特別な販売条件（役務提供条件）があるときにはその内容

などの公開を義務付けています。

■わかりやすい画面表示

特定商取引法では、利用者が誤って注文することのないよう、わかりやすい画面表示を義務付けています。たとえば、注文ボタンを「プレゼント」などの申し込みボタンと誤解させるような画面表示、注文内容の確認画面を表示しないですぐに注文が実行されるような仕組みなどは特定商取引法に違反します。

電子消費者契約法

電子消費者契約法（電子消費者契約に関する民法の特例に関する法律）は、オンラインショッピングの利用者を保護するために民法の特例を定めた法律です。事業者と消費者間のトラブルを防ぐことを目的とし、ネットオークションなどにおける個人間の取引は原則対象外です。

本法では、操作ミスで注文の数量を間違えた場合などにその注文を無効にできるように定めています。ただし、注文操作の過程で注文内容を確認する画面を事業者が用意して操作ミスを防ぐ対策を講じている場合や、消費者自身が確認措置を不要とする意思を表明した場合は、操作ミスがあっても注文を無効にできません。

商取引に関わるその他の法律

売買における契約ルールなどが、民法に定められています。なお、民法は2017年に改正され、2020年4月より施行されています。

■購入した商品に不具合などがあった場合

購入した商品に不具合があったり、商品の数量・品質が契約と異なったりした場合、消費者側に落ち度がなければ、修理、交換、不足分の引き渡しを求めることができます。また、場合によっては契約解除、損害賠償を請求できます。

■定型約款

消費者が購入に際し契約書をよく読まないことを理由にトラブルが発生することがしばしばあります。民法では、売主側が提供する約款が一定の要件を満たしていれば（定型約款という）、消費者がそれを理解していなくても、契約は成立するとしています。ただし、一方的に消費者の利益を害する場合は、その限りではありません。

■契約の成立時期

オンラインショッピングを含む遠隔地間の契約においては、承諾の通知が到達したときに契約が成立します。承諾の通知をWeb画面上に表示する場合は、申込者のパソコンなどの画面上に承諾通知が表示された時点で契約が成立するとしています。

なお、民法改正以前、民法では遠隔地間の契約においては承諾の通知が発信された時点に契約成立（発信主義）、オンラインショッピングの契約においては電子消費者契約法により承諾の通知メールが消費者の受信メールサーバに到着した

▶210ページの解答　例題1　c　例題2　d

時点に契約成立（到達主義）とされていました。改正により到達主義に一元化されています。

■契約が成立する時期

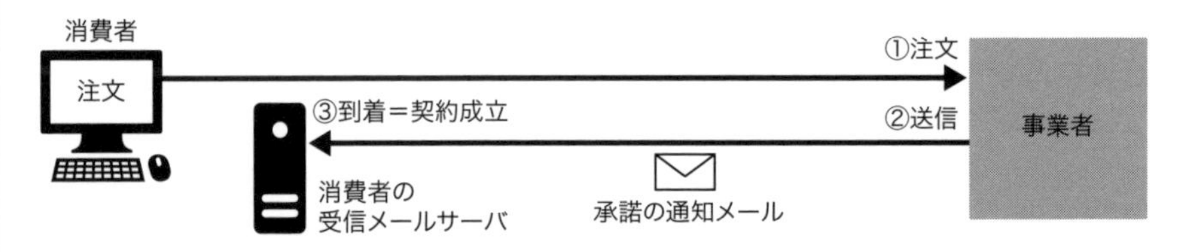

オンラインショッピングの利用における注意点

オンラインショッピングは、実店舗に足を運ばなくても買い物ができることから人気を集めていますが、思っていた商品とは異なる商品が届いた、買い物の際に入力した個人情報やクレジットカード情報が悪用されたなどのトラブルが発生することがあります。これらのトラブルに巻き込まれないためには、信頼できるショッピングサイトかどうかを見極めて利用する必要があります。

■事業者の名前、住所、電話番号などの情報がショッピングサイトで公開されているか

特定商取引法により義務付けられた表記事項が公開されていないショッピングサイトは、法を遵守していないので利用すべきではありません。

■返品や交換などの対応について明記されているか

特定商取引法により義務付けられた返品の可否や条件についての表示がないショッピングサイトは、法を遵守していないので利用すべきではありません。

■個人情報の取り扱いを適切に行うことを明示しているか

購入の際に入力した個人情報が適切に取り扱われるか、プライバシーポリシーなどで確認します。

■取引を行う相手は信頼できるか

さまざまな販売業者が大手のショッピングサイトの仕組みを利用して商品を出品していることがあります。出品している販売業者が信頼できるか、業者のWebサイトの内容で確かめるようにします。ショッピングサイトのユーザレビューが参考になることもあります。

■SSL/TLSが使用されているサイトか

ショッピングサイトで個人情報などの重要な情報を入力する場合には、SSL/TLSで通信内容を暗号化しているか（URLが「https://」で始まる）を確認します。

■安心できる決済方法を利用する

ショッピングサイトでは、クレジットカード、銀行振込、代金引換、電子マネー、コンビニ決済などさまざまな決済方法を用意しています。取引に不安がある場合には、代金引換を利用すると商品が届かないというトラブルは避けられます。

■クレジットカードの利用明細を確認する

事実と異なる支払請求が行われている可能性があり得るので、クレジットカードの利用明細は必ず確認します。

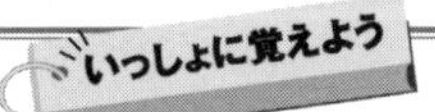

プライバシーポリシー
収集した個人情報の取り扱いについてWebサイトの方針を明文化したもので、Webサイト上で公開されます。

ネットオークションの利用における注意点

ネットオークションのように個人と個人がインターネットを通して直接の取引を行う場合、トラブルが生じた場合に自力で解決しなくてはならないことがあります。なお、オークションサイトによっては、18歳未満は参加できないなどの年齢制限を行っています。

■出品者の評価を確かめる

オークションサイトでは、取引が行われると落札者と出品者が相互に評価を行い、これを公開しています。取引相手が信頼できるかどうか、過去の取引での評価を判断の目安にできます。

■違法な商品や規制されている商品ではないか

ブランドコピー品や盗品など、違法な商品や規制されている商品を購入すると、購入した側も責任を問われることがあります。

■出品者に連絡してみる

出品者に商品についての質問を行うと、このときの対応が出品者の信頼性を確かめる参考にもなります。直接取引を持ち掛けてくるような相手は信頼できません。

いっしょに覚えよう

消費税の課税

国境を越えて音楽ダウンロードや電子書籍の配信サービスなどを利用し、サービスを受ける側が日本国内の消費者である場合は、消費税法に定められた消費税がかかります。従来は、サービスを提供する側の所在地が海外の場合は消費税がかかりませんでしたが、2015年の消費税法の改正により購入者側の所在地に基づく課税に変更されました。

○×クイズ

次のオンラインショッピングに関する説明のうち、適切なものには○、不適切なものには×を付けましょう。

① (　　)　注文を受けつけたショップ側からの承諾の通知メールが消費者の受信メールサーバに到着した時点で契約が成立する。

② (　　)　オンラインショップでは、運営者の名前や住所、連絡先をサイトに表示しなくてはならない。

③ (　　)　URLがhttp://で始まるショッピングサイトは通信内容を暗号化しているので、個人情報などを入力しても安全である。

4 その他の法律

公式テキスト175～176、181、188～191ページ対応

インターネットの利用にかかわるさまざまな法律が制定されています。個人情報の保護に関する個人情報保護法、プライバシー侵害などがあった場合のプロバイダの責任を規定するプロバイダ責任制限法、不正アクセスを防止するための不正アクセス禁止法などがあります。

プロバイダ責任制限法（特定電気通信役務提供者の損害賠償責任の制限及び発信者情報の開示に関する法律）に関する説明として**適当なもの**を選びなさい。

a　この法律でいうプロバイダとはインターネット接続事業者に限定される。
b　プロバイダの損害賠償責任は被害額に応じ無限である。
c　インターネット上の掲示板を提供するWebサイトの運営者は、違法な書き込みがありその被害者から削除依頼があった場合、放置してはいけない。
d　インターネット上の掲示板を提供するWebサイトの運営者は、いかなる場合でも書き込みを行った者についての情報を開示してはならない。

不正アクセス禁止法（不正アクセス行為の禁止等に関する法律）に関する説明として、**誤っているもの**を選びなさい。

a　他人のIDやパスワードを無断で使用してログインする行為を禁じている。
b　パスワード認証などの制限がないためアクセスできてしまうWebサイトであっても、無断で個人情報が掲載されているWebサイトにアクセスすることを禁じている。
c　不正に入手した他人のID、パスワードを、第三者に提供することを禁じている。
d　不正アクセスを行った場合に、刑事罰を規定している。

マイナンバー法（行政手続きにおける特定の個人を識別するための番号の利用等に関する法律）に関する説明として、**不適当なもの**を選びなさい。

a　マイナンバーは、一定期間ごとに変わる番号である。
b　マイナンバーカードが交付される。
c　マイナンバーは外国籍の者にも提供される。
d　マイナンバーは確定申告や法定調書の事務処理で利用される。

例題の解説

解答は221ページ

例題1 プロバイダ責任制限法は、インターネット上でプライバシーの侵害や著作権の侵害などがあった場合のプロバイダの責任について規定する法律です。

a プロバイダには、インターネット接続事業者のほか、電子掲示板を提供するWebサイトの運営者などが含まれます。

b プロバイダ責任制限法は、被害額に応じてプロバイダに損害賠償責任が生じることを定めるものではありません。

c 違法な書き込みによる被害者からの削除依頼があった場合は、Webサイト運営者は情報発信者への通知、書き込みの削除など、適切に対応しなければなりません（正解）。

d 被害者は、権利の侵害が明らかで正当な理由がある場合に、情報発信者の住所、氏名、侵害情報に関するIPアドレスなどの情報開示をプロバイダに求めることができます。このとき、プロバイダは情報発信者に関する情報の開示を適切に行わなければなりません。

例題2 不正アクセス禁止法は、コンピュータへの不正アクセスや不正利用を禁止するための法律です。本来利用する権限を持たないユーザが、インターネットなどを介してコンピュータに侵入することや、それを助長する行為を禁止します。

a 他人のIDやパスワードを無断で使用してインターネット上のサービスを利用する行為は不正アクセス禁止法に違反します。

b 不正アクセス禁止法は、IDとパスワードによる認証などでアクセスを制限しているコンピュータやネットワークなどに不正アクセスする行為を禁じるものです。掲載されている情報が機密性の高いものであっても、パスワード認証などで制限されていないWebサイトへアクセスする行為は、不正アクセス禁止法には違反しません（正解）。

c 不正に入手したIDやパスワードを第三者に提供することは、不正アクセス禁止法によって禁じられています。

d 不正アクセス禁止法に違反すると、3年以下の懲役または100万円以下の罰金が科されます。

例題3 マイナンバー法によって国民に付与されるマイナンバーは、社会保障、税、災害対策の分野で利用されます。

a 付与されたマイナンバーは、特別な場合以外は一生不変です（正解）。

b 所定の手続きを行うことによって、顔写真、氏名、住所、生年月日などが表示されたマイナンバーカードが交付されます。

c マイナンバーは住民票のある外国籍の人にも付与されます。

d 給与所得の源泉徴収票、報酬、料金、契約金および賞金の支払調書などの法定調書にはマイナンバーが記載されます（支払者にマイナンバーを通知する）。確定申告の際は確定申告書にマイナンバーを記載します。

要点解説 4 その他の法律

個人情報保護法

個人情報保護法（個人情報の保護に関する法律）は、個人情報保護に関する基本法で、個人情報保護法制の基本理念や国・地方公共団体の責務などを規定するとともに、民間の個人情報取扱事業者が守るべき義務についても規定しています。

■個人情報

個人情報とは、氏名や住所、電話番号を始めとする、生存する個人に関する情報です。個人情報の範囲は広く、指紋や画像などの文字以外の情報、他の情報と組み合わせることで本人を識別できる情報なども個人情報に含まれます。

■個人情報取扱事業者

個人情報取扱事業者には、顧客情報･取引先情報･従業員情報などのデータベース（コンピュータ上のデータベースや紙媒体など）を保有する一般企業や、学生や職員の情報のデータベースを保有する学校などが含まれます。

■個人情報保護委員会

個人情報保護委員会は個人情報の取り扱いの監督を行う独立機関で、個人情報保護法に関する各種ガイドライン（https://www.ppc.go.jp/personalinfo/legal/）を公表しています。

プロバイダ責任制限法

プロバイダ責任制限法（特定電気通信役務提供者の損害賠償責任の制限及び発信者情報の開示に関する法律）は、インターネット上でプライバシーの侵害や著作権の侵害があった場合のプロバイダの責任について規定する法律です。プロバイダには、ISPのほか、電子掲示板を提供するWebサイトの運営者なども含まれます。

プロバイダ責任制限法により、被害者（権利が侵害されたとする人）は、権利の侵害が明らかで、正当な理由がある場合に、インターネット上に掲載された情報の削除依頼や、情報発信者の住所、氏名、IPアドレスなどの情報開示請求をプロバイダに対して行うことができます。被害者から削除依頼があった違法な情報を放置しておくとプロバイダが責任を負うことがあります。また、正当な理由がある場合は情報開示に応じることとされています。

○×クイズ（216ページ）の答え：① ○ ② ○ ③ ×

情報セキュリティと刑法

コンピュータにかかわる不正行為を行うと、**刑法**によって処罰されます。人の事務処理を誤らせる目的で一定の電磁的記録を不正に作る行為、電磁的記録を損壊するなどして人の業務を妨害する行為、マルウェアを作成したり提供したりする行為がこれに該当します。なお、刑法では、**電磁的記録**を「電子的方式、磁気的方式その他人の知覚によっては認識することができない方式で作られる記録であって、電子計算機による情報処理の用に供されるもの」と定義しています。

不正アクセス禁止法

不正アクセス禁止法（不正アクセス行為の禁止等に関する法律）は、コンピュータへの不正アクセスや不正利用を禁止するための法律です。アクセスする権限を持たないユーザが、インターネットなどを介してコンピュータに侵入することや、それを助長する行為を禁止しています。

他人のIDやパスワードを無断で使用してインターネット上のサービスを利用する行為は不正アクセス禁止法に違反します。IDやパスワードを盗むだけでなく推測する、利用権者本人以外の第三者に提供する行為も違反に該当します。また、セキュリティホールの攻撃などによる不正アクセス、管理権限のないWebページの書き換えも同様です。

不正アクセス禁止法に違反すると、3年以下の懲役または100万円以下の罰金が科されます。

マイナンバー法

マイナンバー法（行政手続きにおける特定の個人を識別するための番号の利用に関する法律）は、国民および日本に住民票のある外国人に12桁の**マイナンバー**（**個人番号**）を付与して、社会保障、税、災害対策の分野で活用するというマイナンバー制度を定めた法律です。個人情報保護法の改正により設置された個人情報保護委員会が、マイナンバーの適切な管理を監視・監督します。なお、設立登記法人（会社など）、国の機関、地方公共団体などの法人には、法人番号が付与されます。

マイナンバーは、特別な場合を除いて一生変更されることはありません。申請すると、身分証明書としても活用できる、ICチップの入ったマイナンバーカードが交付されます。

マイナンバー制度の目的は公平・公正な社会の実現、行政の効率化、国民の利便性を向上させることです。利用範囲は限定されており、マイナンバー法で定められる場合にのみ、ネットワークを通じた照会・提供が行われます。また、マイナンバー法では、業務上知り得たマイナンバーを不正に提供・盗用することが禁じられています。

■マイナンバーの利用範囲

分野	利用範囲の例
社会保障制度	年金の各種手続き、雇用保険の各種手続き、国民健康保険など医療保険分野の各種手続き、福祉分野の給付、生活保護の実施
税制	確定申告、法定調書の事務処理
災害対策	被災者生活再建支援金の支給

公職選挙法におけるインターネット利用

インターネットなどを利用する選挙運動が**公職選挙法**により認められています。選挙運動期間における候補者の情報を伝達する手段として、インターネットなどを利用するWebサイト、SNS、動画共有サービス、電子メールなどを使用できます。有権者は、選挙期間中にSNSやブログ、動画共有サービスなどを使って候補者支援の呼びかけ・投票依頼といった選挙運動を行うことができます。

■インターネットを利用して行うことができる選挙運動

Webサイトなどによる選挙運動用の文書図画の配布

誰でもWebサイトなどを利用する方法などによって選挙運動を行うことができる。Webサイトなどに、電子メールアドレスなど連絡先を表示することが必須。

電子メールによる選挙運動用の文書図画の配布

候補者・政党は、電子メール（SMTP方式またはSMS）で選挙運動用の文書図画を頒布することができる。ただし、無差別に送信することは不可で、選挙用電子メールの送信を求める者、同意した者などに限られる。

選挙期日後の挨拶行為

選挙期日後に当選・落選に関して選挙人に挨拶をする目的で、Webサイトや電子メールなどインターネットなどを利用する方法で文書図画の頒布ができる。

公職選挙法の改正によりインターネットなどを利用する選挙運動のうち一定の行為が解禁されましたが、引き続き規制されている行為もあります。インターネットを利用した以下の行為は、公職選挙法によって禁止されています。

▶217ページの解答　例題1　c　例題2　b　例題3　a

■インターネットで行う選挙運動での禁止事項

- 有権者が、選挙運動メールを送信すること、政党・候補者から配信された選挙運動用のメールやメールマガジンを転送すること
- Webサイト、候補者などから届いた電子メール、Webサイトなどに掲載されている選挙運動用のビラ・ポスターなどを印刷配布すること
- 選挙運動期間外の選挙運動
- 18歳未満の者の選挙運動
- 候補者などのWebサイトを改ざんすること
- 候補者に関する虚偽の事項を公開すること
- 氏名などを偽った通信
- 悪質な誹謗中傷
- 選挙運動用有料インターネット広告

○×クイズ

不正アクセス禁止法に違反しない行為には○、違反する行為には×を付けましょう。

①（　　）ログインしなくても遊べるゲームで、友だちの名前を使って遊んだ。
②（　　）友だちのIDでパスワードを適当に入力したらゲームにログインできたので、そのまま遊んだ。
③（　　）友だちのIDとパスワードを別の友だちからこっそり教えてもらったので、それを使ってゲームにログインして遊んだ。

模擬問題と解説

※演習用の解答用紙を巻末に用意してあります。ご利用ください。

模擬問題

第1問　LINEに関する説明として誤っているものを、選択肢から選びなさい。

a　13歳以上でなければアカウントを取得できない。
b　インターネットにつながっていれば、無料で通話ができる機能がある。
c　友だちを限定したグループ内のみでメッセージをやり取りできる機能がある。
d　スマートフォンだけでなく、PCでも利用できる。

第2問　動画共有サイトに関する説明のうち適当なものを、選択肢から選びなさい。

a　投稿されていた動画が著作者の許諾のないものとわかっていても、投稿者の落ち度なので、ダウンロードすることに問題はない。
b　テレビの番組などは、著作者の許諾がなくても、自由に投稿できる。
c　他人が投稿した動画にコメントを付けることができるサービスもある。
d　代表的なサービスとして、「iTunes Store」や「アマゾン」などがある。

第3問　次の画面は、検索エンジン「Bing」を利用して「ドットコムマスター」というキーワードで検索した結果である。これに関する説明として適当なものを、選択肢から選びなさい。

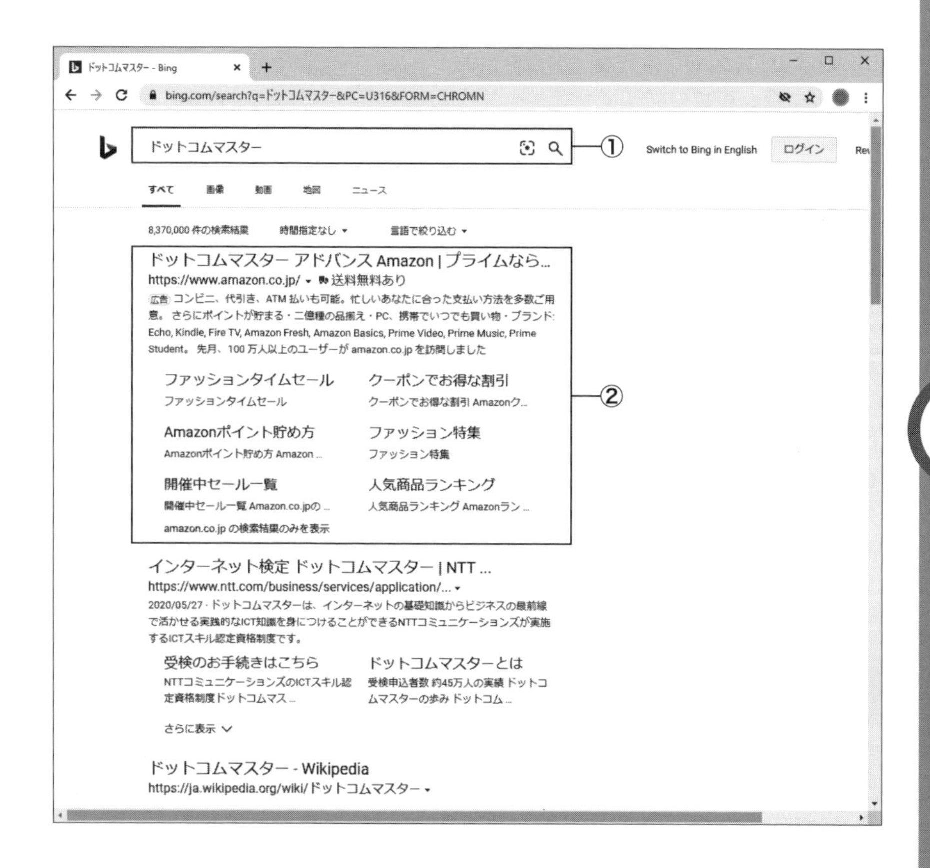

a　「ドットコムマスター」という言葉を含むWebページが、全世界におよそ8,370,000ページあることを示している。

b　検索ページの①の部分に、「ドットコムマスター　ベーシック」と入力して再度検索すると、検索結果で示される件数は減る。

c　検索ページの①の下の「画像」をクリックすると画像を検索することができるが、検索結果で表示される画像は自由に使用できる。

d　検索ページの②の部分は、検索したキーワードとの関係が他の検索結果より深いため、検索エンジンが推奨しているWebページである。

第4問　MOOC（Massive Open Online Course）に関連する説明として誤っているものを、選択肢から選びなさい。

a　MOOCは、インターネット経由で配信される大学などの講座である。
b　日本ではMOOCの普及・拡大を目的として、JMOOCが設立されている。
c　gaccoなど複数のプラットフォームで講座の配信が行われている。
d　非公開が前提で、修了証が交付されない講座がほとんどである。

第5問　IoT（Internet of Things）の説明として誤っているものを、選択肢から選びなさい。

a　さまざまなモノがインターネットにつながることで、遠隔地からのモニタリングなども可能である。
b　ウェアラブルデバイスやスマートスピーカは、IoTデバイスではない。
c　ネットワークカメラやいろいろなセンサがIoTデバイスに搭載され、防犯や見守りにも活用されている。
d　IoTが進展すればするほど、多くのデータが収集されるようになる。

第6問　ウェアラブルデバイスを、選択肢から選びなさい。

a　スマートフォン
b　スマートウォッチ
c　ネットワークカメラ
d　デスクトップPC

第7問　以下の動作周波数を持つCPUがすべて同じメーカーの同じシリーズのものであったとする。この中でいちばん処理能力が高いものを、選択肢から選びなさい。

a　10MHz
b　100MHz
c　1.0GHz
d　2.0GHz

第8問　下図で示された端子の名称として適当なものを、選択肢から選びなさい。

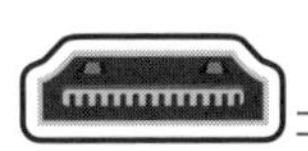
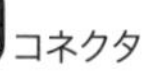

a　DVI端子
b　HDMI端子
c　USB端子
d　アナログ音声端子

第9問　周辺機器を、ケーブルなどを使わずに接続する無線通信規格のBluetoothの説明として適切なものを、選択肢から選びなさい。

a　FeliCaを使ったICカードに利用されている。
b　数メートルから数十メートル程度の近距離にある機器同士を接続する。
c　接続方法が複雑なため、スマートフォンには搭載されないことが多い。
d　広く普及しており、IEEE 802.11シリーズが有名である。

第10問 Windows OSの動作が、処理中のままとなりマウスからの入力を受けつけなくなってしまった場合などに、OSを再起動させるために押すキーとして適当なものを、選択肢から選びなさい。

a 「Ctrl」＋「Alt」＋「Del」
b 「Ctrl」＋「Windows」
c 「Fn」＋「Tab」＋「Del」
d 「Shift」＋「Ctrl」＋「Del」

第11問 ディスプレイの性能を表す画素数の単位で、色情報を含まないものを、選択肢から選びなさい。

a ドット
b ピクセル
c ビット
d ピリオド

第12問 次の(1)、(2)のような解像度のディスプレイがある。これに関する説明のうち適当なものを、選択肢から選びなさい。ただし、ディスプレイのサイズは(1)、(2)ともに同じサイズとし、表示する画像ファイルも同じものとする。

(1) 1600×900ピクセル
(2) 1920×1080ピクセル

a 画像を表示した場合、(2)のほうが(1)より画像が大きく精細に見える。
b 画像を表示した場合、(2)のほうが(1)より画像が小さく精細に見える。
c 画像を表示した場合、(1)のほうが(2)より画像が大きく精細に見える。
d 画像を表示した場合、(1)のほうが(2)より画像が小さく精細に見える。

第13問　パソコンの記憶装置であるSSDをHDDと比較した場合の説明として誤っているものを、選択肢から選びなさい。

a　駆動部分がないため動作音が小さい。
b　耐衝撃性が優れている。
c　容量当たりの価格が高い。
d　読み出し速度が遅い。

第14問　もっとも容量の大きなメディアを、選択肢から選びなさい。

a　ブルーレイディスク
b　CD
c　DVD
d　フロッピーディスク

第15問　スマートフォン用のオペレーティングシステム（OS）として使われているものを、選択肢から選びなさい。

a　Windows 10
b　iOS
c　Linux
d　macOS

第16問　OSの「アップデート」に関する説明として適当なものを、選択肢から選びなさい。

a　Windows OSの場合、アップデートをすることで、新しい別のOSに変更される。
b　パソコン内に存在しているウイルスプログラムが駆除される。
c　セキュリティ上の問題点の対応など機能の更新が行われる。
d　Google Chromeが更新され、「ブックマーク」が新たに追加された状態になる。

第17問　Windows OSで、あるフォルダのテキストファイル「file.txt」をエディタアプリで修正した。修正前と修正後のファイルの両方を同じフォルダに残す方法として、適当なものを選びなさい。

a　エディタアプリで上書き保存する。
b　修正後のファイルを「file.txt」として保存する。
c　修正後のファイルを「file2.txt」として保存する。
d　修正後のファイルを「file.txt2」として保存する。

第18問　拡張子が「.zip」のファイルがある。このファイルを使用できるように元の状態に復元する処理を何というか、選択肢から選びなさい。

a　圧縮
b　削除
c　展開（解凍）
d　名前を付けて保存

第19問　フルカラーの写真データをメールで送るためファイル圧縮を行いたい。受け取った相手が、元のファイルと同じようにフルカラーのファイルとして利用するために適した画像ファイル形式を、選択肢から選びなさい。

a　BMPファイル形式
b　GIFファイル形式
c　JPEGファイル形式
d　PNGファイル形式

第20問　HTML（HyperText Markup Language）・CSS（Cascading Style Sheets）についての説明として適当なものを、選択肢から選びなさい。

a　HTMLは、プログラミング言語の一種で、マークダウンすることができる。
b　CSSでは、Webページの文字の大きさや色などを指定することができない。
c　HTMLにより、Webページを構成する文字や画像にリンクなどの意味を持たせることができる。
d　CSSは、単にスタイルシートと呼ばれ、HTMLと組み合わせて使用されることはない。

第21問　WANの説明として、もっとも適当なものを、選択肢から選びなさい。

a　家庭内や学校内といった限られた範囲に構成された小規模のネットワーク
b　個々のネットワークを結ぶ広域のネットワーク
c　世界規模につながった誰でも自由に使えるネットワーク
d　インターネット上に構築される仮想的なネットワーク

第22問　IPアドレスについての説明として適当なものを、選択肢から選びなさい。

a　IPv4アドレスは、128ビットで表される。
b　IPv4アドレスは、43億個も存在するため、管理組織では新規割り振りに十分な在庫を所有している。
c　プライベートIPアドレスは、LANなど限られたネットワークの中で利用できる。
d　IPv6アドレスの実用化は難しく、まだ一般利用されていない。

第23問 IPv4アドレスの情報量として適当なものを、選択肢から選びなさい。

a 16ビット
b 32ビット
c 48ビット
d 128ビット

第24問 ドメイン名に関する説明として適当なものを、選択肢から選びなさい。

a トップレベルのドメイン名には、「jp」や「uk」のように国名を意味するもののほか、さまざまなものがある。
b 末尾が「ac.jp」となるドメイン名は、日本の政府機関のものであることを意味する。
c 日本の会社組織が使用するドメイン名は、末尾が必ず「co.jp」である。
d URLにおいて、「co.jp/」以降に続く文字列は、Webコンテンツのフォルダ名を表している。

第25問 自分のパソコンからサーバへファイルを送信する処理を選択肢から選びなさい。

a アップロード
b アンインストール
c インストール
d ダウンロード

第26問　LTEのデータ通信サービスなどのモバイル接続サービスについての説明として適当なものを、選択肢から選びなさい。

a　MNOは、MVNOから設備などを借りてサービス提供を行っている。
b　MNOもMVNOも、サービスや料金のメニューはまったく一緒である。
c　日本では、規制が多くあり、2020年3月時点では、MVNOといわれる事業者は存在しない。
d　NTTドコモ、KDDI（au）、ソフトバンクなどは、MNOに分類される。

第27問　モバイルルータのLAN側の通信規格として利用されているものはどれか、選択肢から選びなさい。

a　CATV
b　FTTH
c　IEEE 802.11n
d　LTE

第28問　テザリングの説明として適当なものを、選択肢から選びなさい。

a　パソコンにSIMを挿入し、移動体通信を行うことでインターネット接続させること。
b　スマートフォンなどの移動体通信機能を用い、その他の通信機器をインターネット接続させること。
c　公衆無線LANスポットに通信機器を持ち込み、インターネット接続させること。
d　モバイルWi-Fiルータを使い、通信機器をインターネット接続させること。

第29問　WPSの説明として適当なものを、選択肢から選びなさい。

a　無線LANの暗号化方式の1つである。
b　無線LAN接続の設定を簡単に行えるようにする機能で、AOSSなどという名称で提供されている。
c　無線LANアクセスポイント間を中継する機能である。
d　無線LANで通信する機器同士が、無線LANアクセスポイントを介さずに直接通信するモードである。

第30問　ADSLモデムにPCを直接接続することで、インターネットを利用できる環境がある。このADSLモデムに別の機器を接続することで、PCだけでなくWi-Fi対応のタブレット端末も同時にインターネットを利用できるようにする場合、別の機器としてもっとも適当なものを、選択肢から選びなさい。

a　ADSLモデム（1台追加）
b　回線終端装置
c　スイッチングハブ
d　無線LAN対応ルータ

第31問　FTTH接続で使用されるONU（Optical Network Unit）の説明として適当なものを、選択肢から選びなさい。

a　FTTH接続のためのルータである。
b　停電時に電気を供給する装置である。
c　光信号と電気信号の相互変換を行う装置である。
d　光ファイバの種類を表示するための識別票である。

第32問　集合住宅でFTTHをVDSL方式で利用する際の説明として正しいものを、選択肢から選びなさい。

a　メタルの電話回線を使用するため、通信速度がADSL並みとなる。
b　共有部から各戸までつなぐためには、LANケーブルを使用する。
c　VDSLの信号を電気信号に変えるためには、ONUを使用する。
d　電話機からの雑音が通信に影響を及ぼさないようにするためには、インラインフィルタを使用する。

第33問　Google Chromeにおけるブックマーク機能に関する説明として誤っているものを、選択肢から選びなさい。

a　閲覧しているWebページのURLを、クリック操作だけでブックマークできる。
b　WebページのURLを階層的に分類することができる。
c　ブックマークされたURLの表示名はWebページにより定められており、ユーザは変更できない。
d　ログインしてGoogle Chromeを使うことで、機器を超えてブックマークされた情報を共有できる。

第34問　端末に保存される情報としてのクッキー（HTTP Cookie）に関する説明として適当なものを、選択肢から選びなさい。

a　閲覧するWebサイトにアクセスするために、ユーザが事前にCookieとして指定する。
b　閲覧したWebサイトの画像などのコンテンツが一時的にCookieとして保存される。
c　同じWebサイトの閲覧でも、WebブラウザごとにCookieは設定される。
d　Cookieには、有効期限がない。

第35問　Outlookの「電子メールの仕分けルール」で、画面のような2つのルールを設定している。以下の4つのメールのうち、「仕事」フォルダに移動されないものを、選択肢から選びなさい。

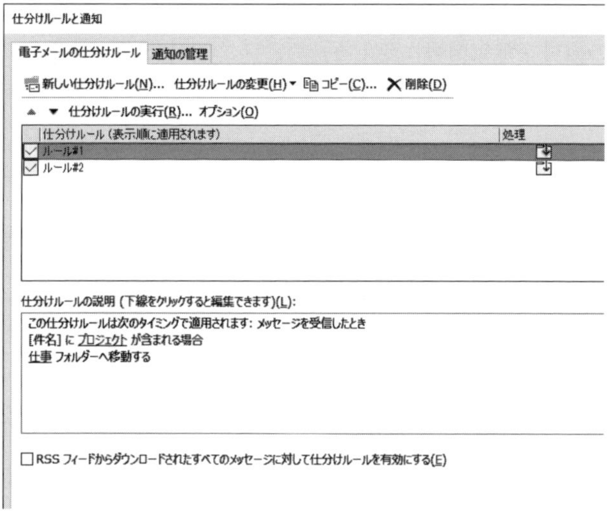

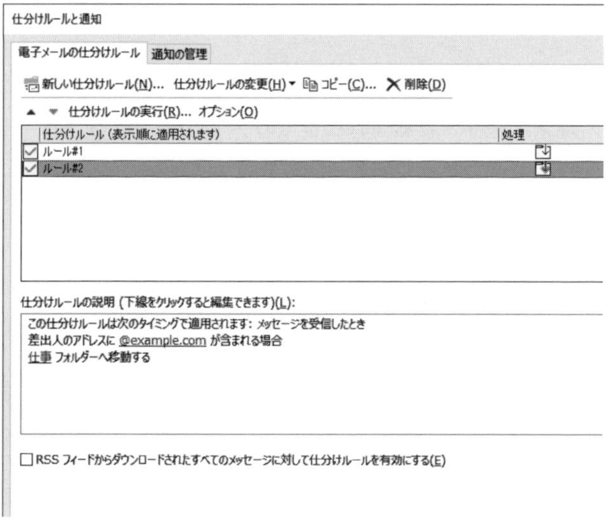

仕分けルールと通知
電子メールの仕分けルール　通知の管理
新しい仕分けルール(N)...　仕分けルールの変更(H)▾　コピー(C)...　✕削除(D)
▲ ▼ 仕分けルールの実行(R)...　オプション(O)
仕分けルール（表示順に適用されます）　処理
☑ ルール#1
☑ ルール#2
仕分けルールの説明（下線をクリックすると編集できます）(L):
この仕分けルールは次のタイミングで適用されます：メッセージを受信したとき
[件名] に プロジェクト が含まれる場合
仕事 フォルダーへ移動する
☐ RSS フィードからダウンロードされたすべてのメッセージに対して仕分けルールを有効にする(E)

仕分けルールと通知
電子メールの仕分けルール　通知の管理
新しい仕分けルール(N)...　仕分けルールの変更(H)▾　コピー(C)...　✕削除(D)
▲ ▼ 仕分けルールの実行(R)...　オプション(O)
仕分けルール（表示順に適用されます）　処理
☑ ルール#1
☑ ルール#2
仕分けルールの説明（下線をクリックすると編集できます）(L):
この仕分けルールは次のタイミングで適用されます：メッセージを受信したとき
差出人のアドレスに @example.com が含まれる場合
仕事 フォルダーへ移動する
☐ RSS フィードからダウンロードされたすべてのメッセージに対して仕分けルールを有効にする(E)

a　件名：「新プロジェクトの件」差出人：「yamada@example.com」
b　件名：「明日の予定」差出人：「yamada@example.com」
c　件名：「明日の予定」差出人：「yamada@example.co.jp」
d　件名：「3周年大感謝プロジェクト開催中！」差出人：「info@example.jp」

第36問 Webメールに関する説明として適当なものを、選択肢から選びなさい。

a Webメールを利用したメールの送信では、ファイルの添付ができない。
b 1つのメールアカウントを複数の端末で利用することはできない。
c MS OutlookのアカウントをWebメールで利用することはできない。
d HTMLメール形式以外のメールも送信できる。

第37問 クラウドサービスに関連する説明として誤っているものを、選択肢から選びなさい。

a Webメールサービスは、電子メールの作成や送受信といった操作ができる。
b オンラインストレージも、代表的なクラウドサービスといえる。
c クラウドサービスは、インターネット接続が前提なので、個人ユーザにはほとんど普及していない。
d 企業向けのクラウドサービスとしては、AWSやGCP、Microsoft Azureなどが有名である。

第38問 ネット上の掲示板に書き込みを行った者について、警察が犯罪捜査のために特定する必要がある場合、その方法に関する説明として適当なものを、選択肢から選びなさい。

a 匿名で書き込みが行われている場合、住所や電話番号など個人を特定する内容の書き込みがないと、書き込んだ者を絞り込むことはできない。
b 掲示板運用者には書き込んだ者のIPアドレスおよび書き込んだ時間がわかるので、その情報をもとにそのIPアドレスを管理しているISPに問い合わせることで書き込んだ者を絞り込む。
c 掲示板運用者には書き込んだ者のMACアドレスおよび書き込んだ時間がわかるので、その情報をもとにそのIPアドレスを管理しているISPに問い合わせることで書き込んだ者を絞り込む。
d 掲示板を利用する場合、メールアドレスを使った認証が必要なので、そのメールアドレスを管理しているISPに問い合わせることで書き込んだ者を絞り込む。

第39問　標的型攻撃の説明として適当なものを、選択肢から選びなさい。

a　不特定多数を標的にしており、マルウェアをメールなどで一斉にばらまく攻撃である。
b　標的型攻撃は非常に珍しい攻撃で、実際の被害は、ほとんど発生していない。
c　特定の組織や個人などをターゲットに、実在の取引相手などの名前を名乗ったりして信用させ、マルウェアを仕込んだメールなどを送信する。
d　OSの脆弱性などを利用し、不正にシステムに侵入する攻撃である。

第40問　見知らぬ相手から下記のような文面のチェーンメールを受け取った。この場合に取るべき対応として適当なものを、選択肢から選びなさい。

「病気の子どもを助けるためにRHマイナス型の血液を探していますので、できるだけたくさんの人にこのメールを転送してください」

a　無視する。
b　返信して詳細を確認する。
c　できるだけ多くの友人にメールを転送する。
d　できるだけ多くの友人にメールを転送するだけでなく、LINEやTwitterなどSNSを活用して広く知らせる。

第41問　マルウェアの「トロイの木馬」の説明として適当なものを、選択肢から選びなさい。

a　単体で破壊活動をするプログラムで、自身のコピーをばらまく。
b　感染機能はないが有益なプログラムを装いユーザのコンピュータに入り込み、バックドアなどをインストールする。
c　攻撃者の用意した司令塔となるサーバなどの命令により不正行為を行うプログラムで、命令を受けるまで潜伏している。
d　感染したPCを監視し、データを密かに収集する。

第42問 認証に関する説明として適当なものを、選択肢から選びなさい。

a 一度登録したIDとパスワードを、永続的に使用することをワンタイムパスワードという。

b 通常のIDとパスワードの入力の後に、別に送られてきた確認コードを入力することで認証が完了する方法もあるが、煩雑なので普及していない。

c 生体認証とは、生存する個人の情報（氏名や年齢など）によって認証する方法である。

d USBキーによる認証とは、物理的なUSBキーを挿入しているときだけ利用できる仕組みである。

第43問 無線LANを利用する際に、無線通信を盗聴されることへの対策として、もっとも効果的と考えられるものはどれか、選択肢から選びなさい。

a WEPによる暗号化

b WPAによる暗号化

c WPA2による暗号化

d ステルス機能によるSSIDの隠匿

第44問 インターネット上の百科事典として有名なサービスを、選択肢から選びなさい。

a Dropbox

b LINE

c Twitter

d Wikipedia

第45問　個人情報保護法（個人情報の保護に関する法律）についての説明として適当なものを、選択肢から選びなさい。

a　個人情報保護法における個人情報とは、個人識別符号や要配慮個人情報などのほか、亡くなった人の情報も含む。
b　個人情報取扱事業者とは、顧客情報などのコンピュータ上のデータベースを保有する企業などを指すが、保有している情報が5,000件を超えなければ、個人情報保護法の対象とならない。
c　個人情報の取り扱いに関して、個人情報保護委員会は、個人情報保護法に関する各種ガイドラインを公表している。
d　**a**～**c**のすべて

第46問　自分が撮った友人の写真をその友人に無断でFacebookに投稿して公開した。この行為が侵害するおそれのある権利はどれか、誤っているものを、選択肢から選びなさい。

a　肖像権
b　著作権
c　パブリシティ権
d　プライバシー

第47問　一定期間無料で試用でき、対価を支払えば継続して利用できるソフトウェアを指す用語を、選択肢から選びなさい。

a　オープンソースソフトウェア
b　シェアウェア
c　フリーウェア
d　マルウェア

第48問 民法および電子消費者契約法（電子消費者契約に関する民法の特例に関する法律）に基づき、オンラインショッピングにおいて売買契約成立となる時点を、選択肢から選びなさい。

a 消費者の注文をオンラインショップが受信した時点
b オンラインショップが送信した注文承諾のメールが、消費者が利用している受信メールサーバに到着した時点
c 消費者がオンラインショップの注文承諾のメールを開封した時点
d 注文した商品が消費者の手元に届いた時点

第49問 インターネットの利用に関する以下の行為のうち、不正アクセス禁止法（不正アクセス行為の禁止等に関する法律）に違反している可能性がもっとも低いものを、選択肢から選びなさい。

a 他人のIDやパスワードを、アクセス管理者や当該ID・パスワードの利用権者本人以外に教えた。
b セキュリティホールを狙い、自分に管理権限がないWebページの内容を書き換えた。
c オンラインゲームのサービス時間外に、自分のIDとパスワードでログインした。
d 推測した他人のIDやパスワードが正しかったので、無断で電子メールを送受信した。

第50問 公職選挙において、インターネットの利用が認められる行為を、選択肢から選びなさい。

a 有権者が、選挙期間中電子メールで特定の候補者への投票を依頼する。
b 18歳未満の有権者が、選挙期間中SNSやブログで特定の候補者への投票を依頼する。
c 候補者が、選挙期間中SNSやブログで自分への投票を依頼する。
d 候補者が、選挙期間中有料のインターネット広告で投票を依頼する。

模擬問題解説

第1問 解説 LINE 解答 a

LINEはインターネットを利用して家族や友人と音声通話やメッセージ交換ができるサービスとして登場しました。グループを作ってグループ内だけで連絡を取り合ったり、タイムライン機能を利用して友人に近況を知らせたりすることもできます。

a 正解 SNSには、適切に使用しないと個人情報の流出や犯罪などのトラブルに巻き込まれる危険性が潜んでいます。多くのSNSは年齢制限を設けるなど、未成年者がトラブルに巻き込まれないように対策を施しています。LINEでは利用できる年齢に制限を設けてはいません。ただし、一部の機能の利用を18歳以上に制限しています。

b LINEで提供されているサービスの1つです。

c LINEでは、メンバーを限定したグループを作って、グループ内だけでメッセージを交換したり、写真を共有したりすることができます。

d LINEは、PC用のアプリケーションも提供しています。スマートフォンでLINEを利用している場合は、PC用のLINEアプリケーションをPCにインストールし、スマートフォンと同一のメールアドレスとパスワードでログインすると、PCでもLINEが利用できるようになります。

第2問 解説 動画共有サイト 解答 c

動画共有サイトは、ユーザが投稿した動画を、その他のユーザが共有して視聴できるサービスを提供するサイトです。

a 著作権者の許可なく動画を動画共有サイトに投稿して、閲覧可能な状態にすることは著作権を侵害する違法行為です。また、動画共有サイトに違法に投稿されていると知りつつ、それをダウンロードすることも違法です。

b テレビ番組には制作者、出演者などの著作権、肖像権など多数の権利が含まれます。これらの権利は法律で保護されており、権利を無視して動画共有サイトに投稿することは違法行為です。

c 正解 動画共有サイトの「YouTube」や「ニコニコ動画」では、他人が投稿した動画にコメントを付けることができます。動画共有サイトは、動画を介してコミュニケーションを図ることができるのが特徴の1つです。

d 「iTunes Store」は、有料または無料で音楽配信、動画配信などを行うアップル社のサービスです。「アマゾン」(Amazon.co.jp)はインターネットを利用した通販サイトで、音楽配信、動画配信、電子書籍販売なども行っています。「iTunes Store」や「アマゾン」では動画の配信サービスも行っていますが、動画共有サービスは提供していません。

第3問　解説　検索エンジン　　解答　b

検索エンジンは、インターネット上の情報をキーワードなどで検索するシステムまたはプログラムのことです。問題の画面では、「ドットコムマスター」というキーワードを入力し、これに関連するWebサイトの一覧を検索結果として表示させています。なお、検索エンジンはシステムが常に改善・変更されているので、同じような検索結果が表示されるとは限りません。

a　問題の画面に「8,370,000件の検索結果」とあります。検索結果には、「ドットコムマスター」という言葉があるページと、「マスター」など一部の言葉を含むページなどが含まれます。

b　**正解** 複数のキーワードをスペース（空白）で区切って入力すると、検索結果の件数を絞り込むことができます。目的とする検索結果が得られない場合には、複数の言葉を組み合わせて検索すると効率的です。

c　検索エンジンには、Webページ中の画像からキーワードに該当するものを検索結果として表示する機能があります。問題の画面では、「画像」をクリックすることでこの機能を使うことができます。ただし、Webページ中の画像は、著作権法で保護される他人の著作物であり、自由に使用できるわけではありません。

d　画面の②は、「リスティング広告」と呼ばれる検索結果です。入力されたキーワードに応じて、検索をした人が興味を持ちそうな広告ページを検索結果として表示します。広告として提供されたページの中から検索結果が表示されるので、検索キーワードについてより詳しく書かれているページが表示されているとは限りません。

第4問　解説　MOOC　　解答　d

インターネットを利用した学習システムをeラーニングといいます。eラーニングは、スマートフォンやパソコンなどを使用し、インターネットに接続できる環境であれば時間や場所にかかわりなく受講できることが特徴です。

a　eラーニングの具体例としてMOOC（Massive Open Online Course）があります。MOOCは、大規模かつ開かれたオンライン講義のことで、大学などの講義をインターネット経由で誰でも無料で受講できるサービスです。

b　日本でのMOOC推進団体がJMOOCです。

c　JMOOCの講座を配信するサイト（プラットフォーム）の1つがgaccoです。

d　**正解** MOOCは公開が原則です。多くは講座修了時に受講者に対して修了証が発行されます。

第5問　解説　IoT　解答　b

IoTは、さまざまなモノをインターネットに接続して、生活や事業などに役立てようという仕組みです。各種センサの開発、小型化によって実現しています。

a　IoTにより、センサやカメラが取得した情報をインターネット経由で取得し、モニタリングに利用することができます。たとえば、オフィスビルのエレベーターやエスカレーター、工場の機械や設備などの稼働状況をインターネット経由でモニタリングすることが可能になります。

b　**正解** IoTデバイスとは、IoTの仕組みを利用している装置（デバイス）を指します。身に着けて使用するウェアラブルデバイスや人間が音声で操作するスマートスピーカには、IoTの技術が利用されています。

c　IoTデバイスは、デバイスに搭載されたネットワークカメラやセンサでさまざまなデータを取得し、自律的にこれをインターネット上の管理サーバに送信します。家族やペットの行動に異常が検知されたときに警告通知を発信する、不正侵入を感知するとセンターから警備員が派遣されるなど、IoTは防犯や見守りにも活用されています。

d　IoTデバイスの数が増えると、IoTによって収集されるデータはさらに増えていきます。

第6問　解説　ウェアラブルデバイス　解答　b

従来、インターネットに接続するためにはおもにパソコンが利用されていましたが、パソコン以外にインターネットを利用できる機器の種類が増えて、現在は、スマートフォンなど持ち運んで利用できる機器が広く利用されています。持ち運びできる機器の1つがウェアラブルデバイスです。ウェアラブル（wearable）は「着用できる、身に着けられる」、デバイス（device）は「装置、端末」という意味であり、身体に装着して利用することが想定されています。ウェアラブルデバイスの多くは、スマートフォンとの連動などでさまざまな機能を利用できます。

a　スマートフォンは、携帯電話と同じような携帯性と音声通話機能に、パソコンに近い汎用性や拡張性を備えた機器です。

b　**正解** 腕時計型のウェアラブルデバイスをスマートウォッチともいいます。スマートウォッチとスマートフォンを連動させて、スマートフォンにメッセージなどが届いたときに通知させたり天気やニュースを表示させたりすることができます。ウェアラブルデバイスはこのほかに、リストバンド型、クリップ型、メガネ型、ネックレス型、指環型などさまざまなタイプのものがあります。

c　ネットワークカメラは通信機能を持ったビデオカメラで、インターネットに接続することでペットや赤ちゃんの様子を離れたところから見守るなど、さまざまな用途に利用することができます。

d　個人向けのコンピュータをパーソナルコンピュータ（Personal Computer）といい、略してパソコンやPCと呼んでいます。一般に普及したPCの形態には、デスクトップ型とノート型があります。デスクトップ型は、コンピュータ本体とディスプレイ、キーボード、マウスが別々で、机上に置いた状態で利用します。ノート型は、すべての装置が一台に収まっていて、折りたたむとノートのように平たくなり、持ち運びできるようになっています。

第7問　解説　CPU　解答　d

CPUは、パソコンの周辺機器の制御と計算処理を行う中枢の機能を受け持ちます。複数のメーカーがさまざまなシリーズのCPUを発売しています。CPUの性能を示す指標の1つに、動作周波数があります。動作周波数はクロック周波数ともいい、CPUの動作と周辺機器などの動作とを同期させるためのクロック信号を、1秒あたり何回発生させるかを表す数のことで、Hz（ヘルツ）という単位で表します。同じ設計のCPUで比較すると、動作周波数が高いほど高性能ということになります。

選択肢の動作周波数の単位を揃えると、1MHzは1,000,000Hz、1GHzは1,000,000,000Hzなので、**a**は10,000,000Hz、**b**は100,000,000Hz、**c**は1,000,000,000Hz、**d**は2,000,000,000Hzです。「同じメーカーの同じシリーズのもの」ということは、同じ設計のものなので、動作周波数がもっとも高い**d**が、いちばん処理能力が高いCPUです（**d**が正解）。

第8問　解説　インターフェース　解答　b

パソコンやスマートフォンなどの情報機器には、周辺機器が接続できるようにさまざまなインターフェースが用意されています。ケーブルでつなぐ有線のインターフェースは規格ごとに端子の形状が異なります。

a　DVI端子は、映像伝送用のインターフェースで、パソコンとディスプレイを接続するために使用されています。デジタル専用、アナログ専用、デジタル／アナログ両用の3種類がありますが、コネクタは共通です。HDMIに置き換わりつつあります。

b　**正解** 問題の図で示された端子はHDMI端子です。HDMI端子は、映像・音声伝送用のインターフェースです。もともとはテレビ、レコーダなど家電向けの規格ですが、現在、パソコンの映像インターフェースとしてディスプレイを接続するために多く採用されています。

c　USB端子は、パソコンやスマートフォンなどの情報機器と、キーボード、マウス、プリンタ、スキャナ、スピーカなどさまざまな周辺機器を接続するためのインターフェース規格としてもっとも多く採用されています。

d　アナログ音声端子は、アナログ方式の音声伝送用のインターフェース規格です。

ケーブル側（挿す側）をプラグ、機器側（挿される側）をジャックといい、ノート型パソコンやAndroid OSのスマートフォンなどにはおもにステレオミニタイプのジャックが用意されています。

第9問 解説 Bluetooth 解答 b

Bluetoothは、近距離にある機器同士を無線接続する規格です。パソコンやスマートフォンなどと、キーボードやマウス、イヤホン、スピーカなどの接続に使用します。

a FeliCaは、非接触型のICカードの技術で、Suicaなどの交通系ICカードやスマートフォンなどに搭載されるおサイフケータイに利用されています。FeliCaにBluetoothは利用されていません。

b **正解** Bluetoothは、数メートルから数十メートル程度の近距離での無線接続を行います。

c Bluetoothは、通信を行う機器同士が、ペアリングという操作で互いを認識し合うことで利用できます。有線の接続インターフェースが少ないスマートフォンでは、テザリングやイヤホンの接続など多くの用途で利用されています。

d IEEE 802.11シリーズは、Bluetoothではなく無線LANの接続規格です。Wi-Fiという名前で普及しています。

第10問 解説 ハングアップの対処 解答 a

キーボードやマウスの操作をパソコンが受けつけなくなり、動作が停止してしまうことをハングアップやフリーズなどと呼びます。Windows OSのパソコンが問題のように、マウスからの入力を受けつけなくなったがキーボードの操作が可能な場合は、キーボードの操作で再起動などを行うことができます。なお、ハングアップは、OSが正常に動作していても、個別のアプリケーションが原因で起きることがあり、この場合はタスクマネージャーを呼び出し、「応答なし」となったアプリケーションを終了させることで解消することがあります。

a **正解** Windowsパソコンでは、ハングアップの際にOSを再起動させるためにCtrl、Alt、Delの3つのキーを同時に押す操作にショートカットキーを割り当てています。Windows 10のパソコンの場合は、Ctrl、Alt、Delの3つのキーを同時に押すと、OSにより表示される画面で、タスクマネージャーなどのメニューとともに、電源のアイコンが表示されます（画面の右下）。Tabキーや方向キー（矢印キー）を使用して電源アイコンを選択し、Enterキーを押すと電源操作のメニュー（スリープ、シャットダウン、再起動）が表示されるので、方向キーとEnterキーで「再起動」を選択すると強制的に再起動を行うことができます。なお、同じ画面でタスクマネージャーを呼び出すことができます。タスクマネージャーには現在動いているアプリケーションソフトの一覧が表示されるので、その中で「応答なし」となっているもの（タスク）を終了するとハングアップ状態から復帰することが期待できます。

b、c、d　これらのキー操作に、Windows OSは何らかの機能を与えていません。

第11問　解説　ディスプレイ　解答　a

コンピュータのディスプレイは、画像や文字を点の集まりで表現します。

a　正解 ドットは「点」という意味で、画像や文字をディスプレイで表示したりプリンタで印刷したりする際に、画像や文字を構成する最小単位です。画素とほぼ同義で使われますが、ドットという場合は色情報を含みません。

b　画素はピクセルともいい、色情報を含みます。1ピクセルが持つ情報量が少ないと色数が減り、多いと色数が増えて、写真などはより実際に近い色合いになります。

c　ビットは、コンピュータで情報を取り扱う際の最小単位です。1ビットは0または1の2種類の情報を持ちます。

d　英文などの横書きの文の最後に打つ「.」をピリオドまたは終止符といいます。コンピュータ分野では、「.」を「ドット」と呼び、ファイル名やIPアドレス（IPv4）、ドメイン名で前後を区切るための記号として使用しています。

第12問　解説　ディスプレイの解像度　解答　b

解像度は、一般に「横の画素数×縦の画素数」の形式で表記します。一定範囲内に存在する画素数が多いほど表示できる情報量が多くなり、画像がきめ細かく鮮明に見えます。同じ画面サイズにおける画素数が多いと、1つ1つの画素（点）のサイズが小さくなります。反対に画素数が少ないと、1つ1つの画素のサイズが大きくなります。同一の画像を解像度の異なる同じ画面サイズのディスプレイに表示すると、解像度の高いほうが小さく、解像度の低いほうが大きく見えます。

問題のディスプレイは、(1)、(2)ともに画面のサイズは同一です。(2)のほうが横1920×縦1080ピクセルと解像度が高いので、(1)より画像は小さく精細に見えます（**b**が正解）。

第13問　解説　SSDとHDD　解答　d

パソコンの記憶装置（補助記憶装置）として使われるSSD（Solid State Drive、ソリッドステートドライブ）とHDD（Hard Disk Drive、ハードディスクドライブ）を比較する問題です。SSDは半導体メモリ（フラッシュメモリ）、HDDは磁気ディスク（磁性体を塗布した円盤）を記録媒体とした大容量記憶装置です。

a　HDDは、磁気ディスクを高速回転させて磁気ヘッドを移動させることでデータの書き込みと読み出しを行います。HDDが機械的に動作する装置であるのに対して、SSDは電気的に書き込みと読み出しを行います。機械的な動作音が発生しないので静かです。

b SSDは、機械的な動作がないので、HDDに比べて耐衝撃性（外部から受ける衝撃に対する耐久性）に優れています。

c 価格差は縮小していますが、SSDはHDDに比べるとまだ高価です。

d **正解** HDDは読み出しのためにディスク上の記録位置を機械的に探す動作が必要です。SSDはこの動作を必要としないので、高速な処理ができます。

第14問 解説 記録メディア 解答 a

コンピュータで処理されるデジタルデータは、記録メディアに保存しておきます。記録メディアには、パソコン内蔵のハードディスクドライブ（HDD）やSSD、スマートフォン内蔵のフラッシュメモリ、フラッシュメモリを持ち運べるようにしたUSBメモリやメモリカード、DVD・ブルーレイディスク（Blu-ray Disc）・CDなどの光学メディアなど、さまざまな種類があります。

aのブルーレイディスク、**b**のCD、**c**のDVDは光学メディアの一種です。ブルーレイディスクは、片面1層記録の規格は25GB、片面3層記録の規格は100GBと、容量の大きさが特徴です。CDは、容量が650～700MBと比較的小さめです。DVDは、片面1層記録の規格は4.7GB、両面1層記録の規格は9.4GBと、CDより大きく、ブルーレイディスクより小さい容量です。**d**のフロッピーディスクは磁気を利用して記録する記録メディアで、光学メディアのCDが普及する以前に取り外し可能な記録メディアとして多く利用されていました。2HDというタイプで容量が1.44MBと小さく、現在はほとんど利用されなくなりました。

以上より、容量の大きい順に選択肢のメディアを並べると、ブルーレイディスク、DVD、CD、フロッピーディスクの順になります（**a**が正解）。

第15問 解説 スマートフォンのOS 解答 b

OSは情報機器を動かすための基本ソフトであり、パソコン、スマートフォンなど情報機器の種類ごとに異なるOSが採用されています。スマートフォン用のOSの特徴として、マルチタッチパネルで画面上の複数の点に触れて操作できること、アプリケーションソフト（アプリと呼ばれる）の追加が簡単に行えることなどがあげられます。

a Windows 10は、マイクロソフト社が開発した、パソコン用として広く利用されているOSです。一部タブレットのOSに採用されていますが、スマートフォン向けとしては提供されていません。なお、スマートフォンなどモバイル機器用のOSとしてWindows 10 MobileというOSが提供されていましたが、同OSの開発・提供は終了しています。

b **正解** iOSは、アップル社が開発したスマートフォン向けのOSです。同社の製品であるiPhoneにはiOSが採用されています。

c　Linuxはオープンソースの OS で、スマートフォンではなくパソコン向けの OS の1つです。なお、オープンソースとは、プログラムのソースコード（プログラムの設計図に相当するもの）が公開され、誰でも自由に扱えるようにしているということで、柔軟、廉価にソフトウェアが開発できるのが特徴です。

d　macOSは、アップル社が開発したパソコン向けの OS です。Macとして知られている同社のパソコンには macOS が採用されています。

第16問　解説　OSのアップデート　解答　c

OSはリリース後にも見直しが行われ、機能的な不備やセキュリティ上の問題が見つかると、修正のためにアップデートデータが提供されます。OSを常に最新の状態にしておくことは、マルウェア感染や不正アクセスの予防につながります。

a　Windows OSのアップデートは、すでにインストールされている OS を部分的に修正するもので、新しい別の OS に変更されるわけではありません。なお、Windows 8からWindows 10への変更のように OS の機能や操作性が刷新される変更は、アップデートではなく、バージョンアップのように呼ばれます。Windows OSにおけるバージョンアップは、新しい別の OS に変更されたといえますが、アップデートは小修整ですから、新しい別の OS に変更されたとはいえません。

b　パソコン内に存在しているウイルスプログラムの駆除は、ウイルス対策として稼働するセキュリティソフトの働きの1つで、アップデートの働きではありません。

c　**正解** OSの機能的な不備、とくにセキュリティ上の問題点に対応するためにアップデートが行われます。

d　Google ChromeはWebブラウザというアプリケーションソフトで、OSの一部の機能ではありません。また、ブックマークはWebページのURLをWebブラウザに記憶しておく機能で、基本的にユーザが追加などの操作を行い、Google Chromeのアップデートにより追加されるものではありません。

第17問　解説　ファイルの保存　解答　c

ファイルを開いて変更を加えたものを同じフォルダ内に保存する場合、修正前のファイルを残すか残さないかによって操作が異なります。なお、エディタアプリは、文字と一部の制御コード（改行やタブなど）を入力・編集するためのソフトウェアで、Windows 10にはメモ帳という名前のエディタアプリが含まれています。エディタアプリで入力・編集したファイルには、txtという拡張子が付きます。

a　上書き保存すると修正前のファイルは残らず、修正後のファイルだけが同じ「file.txt」という名前で保存されます。

b　「file.txt」は修正前のファイルと同じ名前なので、選択肢 **a** と同じように上書き保存され、修正前のファイルは残りません。

c **正解** 修正後のファイルの名前を「file2.txt」に変更して保存することで、修正前の「file.txt」という名前のファイルを残しながら、修正後のファイルを保存することができます。

d 拡張子は、アプリケーションソフトがファイルを正しく認識するために必要な情報です。「file.txt2」という名前で保存すると修正前と修正後のファイルの両方を同じフォルダに残すことはできますが、拡張子を変更することによりファイルが正しく使えなくなる可能性があります。テキストファイルの保存方法として適当ではありません。

第18問 解説 圧縮ファイルの展開 解答 c

圧縮形式にZIPを使用するファイルには、ファイル名の拡張子として「.zip」が付きます。

a 大きな容量のファイルを電子メールに添付して送る場合など、元のデータを保ったままサイズを小さくする処理を圧縮といいます。問題の示す処理は、圧縮ではありません。なお、圧縮の形式として代表的なものがZIPです。

b ファイルを削除するとは、そのファイルを操作できないように消す処理のことをいいます。

c **正解** 圧縮したファイルを元の形に復元することを展開あるいは伸張といいます。冷凍食品を溶かして元の状態に戻すことになぞらえて、展開のことを解凍ということもあります。

d 名前を付けて保存とは、ファイルを保存するときの操作の1つとして行われ、新しいファイル名を付けて保存する処理を指します。

第19問 解説 画像ファイル形式 解答 d

音声、画像、動画のデータは、文字データなどに比べて情報量が大きくなりがちなので、圧縮してファイルサイズを小さくする方法が広く利用されています。圧縮の方式の違いによりさまざまなファイル形式が存在します。

圧縮後のデータから圧縮前のデータを完全に復元できる方式を可逆圧縮、復元できない方式を非可逆圧縮といいます。問題では、メールを受け取った相手が圧縮されたファイルを元のファイルと同じようにフルカラーのファイルとして利用することが要件なので、可逆圧縮のファイル形式であることが必要です。また、フルカラーとは、画像などを表現するための色数の設定の1つで、1,677万7,216色を表現できるので、よりオリジナルに近い自然な色合いを再現できます。

a BMPファイル形式は、Windowsで使用される画像の標準形式で、通常、圧縮しないで使用します。サイズが大きくなるのでインターネットでの使用には適していません。

b GIFファイル形式は256色までを扱える可逆圧縮の画像ファイル形式です。アイコンやイラストなどのファイル形式としてインターネットで一般的に利用されていますが、フルカラー画像の場合は減色されるので完全に元と同じデータに戻すことができません。

c JPEGファイル形式はフルカラーを扱える非可逆圧縮の画像ファイル形式で、インターネットで一般的に利用されています。問題では、メールを受け取った相手が圧縮されたファイルを元のファイルと同じようにフルカラーのファイルとして利用するとあります。非可逆圧縮のJPEGでは完全に元と同じデータに戻すことができないので、問題の要件には適していません。

d **正解** PNGファイル形式はモノクロからフルカラーまで、色数を指定できる画像ファイル形式です。インターネット上で使用する画像ファイル形式として普及していたGIFが特許使用料の支払を必要とされたことから（現在は特許が失効し、自由に使用できる）、GIFに代わるファイル形式として開発されました。PNGは可逆圧縮なので、問題の要件に適しています。

第20問 解説 HTMLとCSS 解答 c

HTMLは、Webページを作成するために開発されたプログラミング言語です。Webページを構成する文字や画像などをマークアップする（印を付ける）ことで、それぞれに意味を持たせて構造を明確化します。

CSSは、スタイルシートとも呼ばれ、HTMLと組み合わせて使用されます。HTMLがWebページの文字や画像に意味付けをするのに対して、CSSはそれらをどのような見た目にするかを指定するために使用されます。

a HTMLはプログラミング言語の一種で、マークダウンではなく、マークアップすることを目的に開発されました。

b CSSは、文字の大きさや色などを指定するなど、Webページの見た目の表現力を高めることを目的に開発されました。

c **正解** HTMLの<a>タグによって、文字列や画像にリンクを作ることができます。HTMLではいろいろなタグを使用して、文書の構成、リンク、画像の表示などを指定します。

d CSSは、HTMLと組み合わせて使用されます。

第21問 解説 WAN 解答 b

複数のコンピュータを相互に接続して情報をやり取りできるようにしたものをネットワークといいます。ネットワークにはさまざまな種類があり、規模や範囲で分別すると、小規模の閉じられたエリアに構築されるネットワークのLAN、LANとLANをつないだ広域のネットワークであるWANがあります。LANやWANを世界規模で結んで誰でも利用できるようにしたネットワークがインターネットです。

a LAN（Local Area Network）の説明です。家庭内で、パソコン、スマートフォン、プリンタ、テレビ、ゲーム機、家電などを相互に接続したLANを構築すると、録画したテレビ番組をパソコンで再生したり、スマートフォンから家電を操作したりすることができます。

b **正解** WAN（Wide Area Network）の説明です。WANは、企業の本社のLANと支社のLAN同士、隣接する学校のLAN同士などを結んで構成した、広い範囲のネットワークです。

c インターネットの説明です。インターネットは、世界中に存在するネットワークを相互に接続した巨大なネットワークで、誰でも自由に利用することができます。LANの外のネットワークとの通信を可能にするという点では、WANとインターネットは同じ特性を持っているといえます。

d 距離的に離れた拠点間に仮想的なネットワークを構築し、専用回線で接続されたように使用できるようにしたプライベートなネットワークをVPN（Virtual Private Network）といいます。インターネット上に構築されたVPNをインターネットVPNといいます。VPNを利用することにより、通信の途中の情報の盗聴や改ざんを防ぎ、情報を安全にやり取りすることが可能になります。

第22問 解説 IPアドレス 解答 c

IPアドレスは、インターネットなどネットワークに接続されているコンピュータを唯一無二のものとして識別するための番号です。IPアドレスには、IPv4アドレスとIPv6アドレスがあります。

a IPv4アドレスは、2進法の32ビットで表されます。128ビットで表されるのはIPv6アドレスです。

b IPv4アドレスは約43億個（2^{32}＝4,294,967,296）ありますが、すでに不足しつつあります。これを解消するために2^{128}＝約340兆×1兆×1兆台のコンピュータを識別できるIPv6アドレスが使われています。

c **正解** プライベートIPアドレスはLANなど限られたネットワーク内の通信にのみ利用するIPアドレスです。プライベートIPアドレスは、外部のネットワークとの通信には使用しません。

d IPv6アドレスは、すでに実用化されていて、一般利用されています。

第23問 解説 IPv4アドレスの情報量 解答 b

IPv4アドレスの情報量とは、アドレスにより表現できる情報の量のことです。2進法ではビットという単位を使って情報の量を表現することができます。1ビットは0または1を表すことができ、桁が増えていく（ビット数が増えていく）ごとに情報量が増えていきます。また、IPにはIPv4とIPv6が使われており、いずれもビット数は固定です。

b 正解 IPv4アドレスは32ビットの数値です。つまり、32ビットの情報量を持ちます。

d IPv6アドレスは128ビットの数値です。つまり、128ビットの情報量を持ちます。選択肢**a**の16ビット、選択肢**c**の48ビットのIPアドレスは存在しません。

第24問 解説 ドメイン名 解答 a

ドメイン名とは、インターネットなどのネットワーク上のコンピュータを識別するための名前です。

a 正解 「example.co.jp」の「jp」のようにドメイン名の最後の部分をトップレベルドメインといい、「com」「org」「net」などのようなgTLD（generic Top Level Domain）と、「jp」「uk」「fr」などのようなccTLD（country code Top Level Domain）があります。ccTLDは国・地域名を表します。gTLDは組織の種別を表します。

b 「ac.jp」は属性型JPドメイン名の1つで、日本の大学などに割り当てられます。日本の政府機関などに割り当てられるのは「go.jp」です。

c 「co.jp」は登録する組織の属性が会社組織である場合に取得できるドメイン名です。日本の会社組織は「co.jp」を使用することが義務付けられているわけではなく、「co.jp」以外に、誰でも取得可能な「com」、「日本語.jp」のような汎用JPドメイン名なども取得することができます。

d 「co.jp/」の後に続く文字列は、表示するWebコンテンツのファイル名と、Webコンテンツの所在地です。URLが「www.example.co.jp/web/pr/sample.html」だとすると、「sample.html」がファイル名、「web/pr」が所在地で、「web」フォルダ内の「pr」フォルダに「sample.html」があることを示しています。

第25問 解説 アップロード 解答 a

自分のパソコンからサーバへファイルを送信する処理とは、たとえば自分で制作したWebページをインターネットで公開するときに、WebサーバにWebページのデータを送信して保存するような処理などを指します。

a 正解 利用者側からインターネット側への通信の向きを「上り」といい、このときのデータの流れを「アップロード」といいます。自分のパソコンで作成したファイルをインターネット側にあるサーバへ送信することはアップロードです。

b アンインストールは、インストールされていたソフトウェアをパソコンやスマートフォンなどから削除することです。

c インストールは、ソフトウェアをパソコンやスマートフォンなどに導入することです。

d インターネット側から利用者側への通信の向きを「下り」といい、このときのデータの流れを「ダウンロード」といいます。

第26問 解説 MNO 解答 d

MNO（Mobile Network Operator：移動体通信事業者）は自ら所有する無線設備によってモバイル接続サービスを提供する事業者です。これに対して、無線設備を持たず、MNOから借用してモバイル接続サービスを提供する事業者をMVNO（Mobile Virtual Network Operator：仮想移動体通信事業者）といいます。

a 記述が逆です。MVNOはMNOから設備を借りてサービス提供を行っています。

b サービスメニューや料金メニューは事業者ごとに設定されます。業界が統一することは自由競争の原則に反します。

c 2020年3月以前からMVNOは存在し、現在数百社の事業者が参入しています。「格安SIM」と呼ばれるサービスは、MVNOが展開しています。

d 正解 NTTドコモ、KDDI（au）、ソフトバンクなどは、LTEなどの移動体通信ネットワークの運用に必要な無線設備を自社で保有しているMNOに分類される事業者です。

第27問 解説 モバイルルータの通信規格 解答 c

ルータとは異なるネットワーク間を相互接続する機器です。モバイルルータは持ち運んで利用できるルータのことで、インターネット側ではLTEなどの移動体通信ネットワークに接続し、端末側（LAN側）では無線LAN（Wi-Fi）などでパソコンなどと接続します。

a CATV（Cable TV）はケーブルテレビ回線であり、インターネット接続にも用いられますが、固定回線であることからモバイルルータと接続されることはありません。

b FTTH（Fiber To the Home）は光ファイバ回線であり、インターネット接続に用いられますが、固定回線であることからモバイルルータと接続されることはありません。

c 正解 無線LAN（Wi-Fi）には複数の規格があり、IEEE 802.11nはその1つです。IEEE 802.11nは、モバイルルータのLAN側の通信規格としてよく利用されています。

d モバイルルータは、インターネット側とLTE回線などを利用して接続を行います。インターネット側をLAN側の反対側としてWAN側と呼ぶこともあります。

第28問 解説 テザリング 解答 b

直接インターネットに接続できない状況にあるパソコンなどを、スマートフォンなどを介してインターネットに接続することをテザリングといいます。

a　モバイルノートパソコンと呼ばれる比較的小型のパソコンにSIMを差し込んでインターネット接続を行うことができますが、これはテザリングではありません。

b　**正解** 移動体通信機能とは、LTE回線などを利用して、移動しながらインターネット接続などの通信を行うことです。移動体通信機器を持つスマートフォンなどを、通信を中継するアクセスポイントとして利用し、パソコンなどのその他の機器をインターネットに接続させることをテザリングといいます。スマートフォン－パソコン間の通信にはBluetoothやWi-Fiなどを利用します。

c　公衆無線LANスポットとは、駅、空港、ホテルなどでWi-Fi接続を提供する場所のことです。こうした場所では、パソコンなどはWi-Fiを介してインターネットに接続することができますが、これはテザリングではありません。

d　モバイルWi-Fiルータ（単にモバイルルータともいう）は、LTE回線などを通じてインターネット接続を行う機能を持ちます。インターネット←無線接続→モバイルルータ←Wi-Fi接続→パソコンなどのように接続しますが、これはテザリングではありません。

第29問　解説　WPS　　解答　b

WPSは、Wi-Fi Protected Setupの略で、無線LANの接続設定を簡単に行うための規格です。無線LANは、無線でデータ通信を行うネットワークのことです。接続の際には、接続先のネットワーク名（ESSID）と暗号化キー（セキュリティキー）が必要です。

a　無線LANの暗号化方式には、WEPやWPA、WPA2などがあります。

b　**正解** WPSの説明です。

c　無線LANアクセスポイントは、機器を無線で接続する際に親機となる装置のことです。無線LANアクセスポイント間を中継する機能を、WDS（Wireless Distribution System）といいます。

d　無線LANにはアドホックモードとインフラストラクチャモードの2つの動作モードがあります。選択肢の説明は、アドホックモードの説明です。インフラストラクチャモードはアクセスポイントを経由して通信します。

第30問　解説　家庭内ルータ　　解答　d

問題のインターネット利用環境は、

電話回線←――→ADSLモデム←――→PC

と有線接続されていて、インターネットに接続できる機器はPC（パソコン）1台だけとなっています。パソコンに加えてタブレットもインターネット接続できるようにするために必要な機器はどれかを答えます。なお、タブレットはWi-Fi接続が可能とされています。

a　ADSLモデムは、電話回線1回線につき1台使用します。1回線に2台を接続することはできません。

b　回線終端装置は通信回線網の終端部に置かれ、通信回線を通る信号とパソコンやLANなどで使用される信号の変換を行います。単に回線終端装置という場合はFTTH接続（光ファイバを使った接続）で使用される光回線終端装置の意味で使われることが多く、ONU（Optical Network Unit）ともいいます。回線終端装置はインターネット接続できる機器の台数を増やすためには使用されません。

c　スイッチングハブはLANケーブルによる有線接続に使われる通信機器で、複数の機器をLANに接続する場合に、効率的な通信のために接続を切り替える機能を持ちます。タブレットはWi-Fi対応とあり、LANポート（LANケーブルの差込口）がないことが予想されるので、問題が示す機器として適当ではありません。

d　**正解** ルータは、複数のパソコンなどを同時にインターネットに接続するために使用される機器です。ルータに無線LANアクセスポイント機能を付加したのが、無線LAN対応ルータです。ADSLモデムにこれを接続し、パソコンとは有線で、タブレットとはWi-Fi（無線LAN）で同時接続することができます。

第31問　解説　ONU　解答　c

FTTH（Fiber To The Home）接続は、光ファイバを使ってネットワーク接続を行う方式で、高速なインターネット接続方式として普及しています。FTTH接続では、光ファイバを流れる光信号とLAN内を流れる電気信号を相互に変換する装置が必要です。

a　FTTH接続のために専用のルータを用いることはありません。ルータは、ネットワーク間でデータのやり取りを中継する装置で、通信相手への経路を管理します。

b　停電時に電気を供給する装置は、無停電電源装置（UPS：Uninterruptible Power Supply）です。

c　**正解** ONU（Optical Network Unit）は光ファイバを流れる光信号とLAN内を流れる電気信号を相互に変換する回線終端装置です。

d　ONUはFTTH接続に使用する機器であり、光ファイバを挿して利用します。

第32問　解説　VDSL方式　解答　d

マンションのような集合住宅でFTTHを利用するには、共有部まで光ファイバを引き込み、そこから各戸に配線するという方式がとられます。共有部から各戸までの配線方式には、光配線方式、LAN配線方式、VDSL方式の3つがあります。光配線方式は光ファイバで配線し、LAN配線方式はLANケーブルで配線します。VDSL方式は、既存の電話線を利用する方式です。

a　ADSLとVDSLは、電話回線に使用されているツイストペアケーブルの回線でデータ通信を行うデジタル加入者線（DSL）方式です。VDSLはADSLより高速な通信を行うことができますが、長距離の通信には向いていないので、マンション内など数百メートル程度の短い距離の通信に利用されています。

b　共有部から各戸までをつなぐためにLANケーブルを使用するのはLAN配線方式です。

c　VDSLの信号をコンピュータが使用する電気信号に変えるためには、VDSL宅内装置を使用します。

d　**正解** VDSL方式によるFTTH接続と一般加入電話を併用する場合は、一般加入電話の音声信号からノイズが混入して通信が不安定になることがあります。これを防止するために音声信号とVDSLの信号を分離するインラインフィルタを使用します。

第33問　解説　ブックマーク　解答　c

Webブラウザは、WebページのURLを保存する機能を持ち、この機能を「ブックマーク」や「お気に入り」といいます。WebブラウザであるGoogle Chromeにもブックマーク機能が備わっています。

a　閲覧している状態でアドレスバーの右端の☆をクリックすると、ブックマークに登録できます。

b　ブックマークは、フォルダを作成して、その中に保存することができるので、階層化な分類が可能です。

c　**正解** ブックマークの表示名は、ユーザが変更することができます。

d　Google Chromeでは、Googleアカウントでログインすることにより、異なる機器における利用状況を同期させることができます。同じアカウントでログインしたGoogle Chromeであれば、別の情報機器でブックマークを共有することができます。

第34問　解説　クッキー　解答　c

Cookie（クッキー）は、WebブラウザでWebサイトを閲覧する際に、Webコンテンツと一緒にWebサーバから送られてきて、閲覧する側のコンピュータに保存される情報です。次に同じWebサイトにアクセスしたときに保存されたCookieがWebサーバに送られることで、認証の手間を省略したり、Cookieの情報をもとに適切と思われる情報をWebサーバから送ったりする目的に使われます。

a　Cookieはユーザが事前に指定する情報ではありません。Webサーバがアクセス状況から自動的に生成してユーザ側に送信します。

b　Cookieの内容は文字情報です。画像などはCookieとして保存されません。

c　**正解** 同じWebサイトを異なるWebブラウザで閲覧した場合、CookieはWebブラウザごとに保存されます。

d　Webサーバは、Cookieを発行する際に有効期限を設定できます。なお、有効期限が設定されていない場合はWebブラウザを終了するとCookieは削除されます。

第35問 解説 メールルール　解答 c

メールルール（Microsoft Outlookでは「仕分けルール」という）を利用すると、条件に応じて指定したフォルダへ自動的にメールを振り分けるといったことができます。問題の画面では、次のようなメールルールが設定されています。

・件名に「プロジェクト」という言葉が含まれる場合、「仕事」フォルダに移動する。
・差出人のメールアドレスに「@example.com」が含まれる場合、「仕事」フォルダに移動する。

a　件名に「プロジェクト」が含まれるので、「仕事」フォルダに移動されます。
b　差出人に「@example.com」が含まれるので、「仕事」フォルダに移動されます。
c　**正解** メールルールに該当しません。
d　件名に「プロジェクト」が含まれるので、「仕事」フォルダに移動されます。

第36問 解説 Webメール　解答 d

Webメールは、Webブラウザを利用して送受信を行うメールサービスです。メールソフトと同様の機能を、Webブラウザ上で利用することができます。

a　Webメールでも、メールソフトと同じようにファイルの添付を行うことができます。

b　Webメールは、Webブラウザ上でメールアカウントにログインすることで利用できるサービスです。複数の端末のそれぞれでWebブラウザを利用して同じメールアカウントにログインすると、複数の端末で利用することができます。

c　MS（Microsoft）Outlookは、メールソフトの機能も持つ個人情報管理ソフトで、マイクロソフト社が開発するオフィスソフトOfficeシリーズの1アプリとして提供されています。また、マイクロソフト社ではoutlookをドメイン名に含めた（outlook.com、outlook.jpなど）フリーメールサービスも展開しています。これらのメールサービスはWebメールに対応し、またMS Outlookで利用することもできます。選択肢が示すMS Outlookで利用するアカウントが、Webメールに対応していれば、Webメールで利用することができます。

d　**正解** 電子メールでは、文字だけで作成されたテキストメール形式と、Webページを記述するためのHTMLを利用して装飾性を高めたHTMLメール形式が利用できます。Webメールでも、サービスが対応していれば、どちらの形式のメールも送信することができます。

第37問　解説　クラウドサービス　解答　c

クラウドサービスとは、ソフトウェアやデータ、またハードウェアをユーザの手元に置かず、それらの機能をデータセンタに置いてインターネット接続を介して利用できるようにしたサービスです。

a　パソコンにメールソフトをインストールすることなく、Webブラウザで電子メールの作成と送受を行うWebメールは、代表的なクラウドサービスの例です。

b　データをユーザの手元に置くことなく、データセンタに用意されたストレージ領域に保存できるようにしたサービスをオンラインストレージといいます。オンラインストレージにデータを保存することを「クラウドに保存する」のように表現することがあります。

c　**正解** スマートフォンで利用するサービスの多くが、クラウドサービスとして提供されています。たとえば、グーグル社は、Googleドライブ、Gmail、Googleカレンダーなどの個人ユーザ向けのクラウドサービスを提供しています。

d　アマゾン社のAWS、グーグル社のGCP、マイクロソフト社のMicrosoft Azureなどは、企業がシステム開発する環境を提供するクラウドサービスとしてよく知られています。

第38問　解説　掲示板の書き込み者の特定　解答　b

ネット上の掲示板などに犯罪予告、誹謗中傷、名誉棄損などの書き込みがあった場合に、犯罪性があるとして警察が捜査を行うことがあります。また、掲示板などへの書き込みを行うと、その行為に関する情報が残ります。掲示板などへの書き込みが犯罪と結びついたり、そうした疑いが持たれた場合、警察は犯罪捜査の目的で書き込みを行った人を特定するために、Webサイトの管理者に書き込みに関する情報の開示を求めます。

a　書き込みのIPアドレスから書き込んだ者を特定します。なお、不特定多数の人が見ることができる掲示板などのWebサイトに書き込みをする場合は、個人が特定されるような情報は書かないことが常識です。

b　**正解** 掲示板のサーバには書き込んだときに使用したIPアドレスと書き込んだ時間がログとして残されています。IPアドレスはISPによって使用する範囲が決まっていて、ISPにはどのユーザがどのIPアドレスを使用したかといった情報が保存されており、これらを手掛かりに書き込んだ者を特定します。

c　掲示板のサーバにログとして残るのはIPアドレスで、MACアドレスではありません。

d　メールアドレスを使った認証を経て掲示板に書き込むことができる仕組みを採用しているものもありますが、メールアドレスによる認証が掲示板の利用に必須ということはありません。また、メールアドレスがわかったとしても、フリーメールなど使い捨てのメールアドレスが使用されることがあるので、個人を特定することに直接結びつくとは一概にはいえません。

第39問 解説 標的型攻撃 解答 c

標的型攻撃は、機密情報を盗み取ることなどを目的として、特定の個人や組織を狙った攻撃です。

a 標的型攻撃は特定の相手を標的とします。不特定の多数を標的とするのではありません。

b 近年、無差別型の攻撃から対象を定めた標的型攻撃の被害件数が増えています。標的型攻撃を原因とする個人情報の漏えいなど実際の被害も起きています。

c **正解** 標的型攻撃の攻撃手口の1例です。実在の取引相手などの名前を名乗って信用させることで、メールの添付ファイルを開かせ、仕込んだマルウェアに感染させるという手口の被害が実際に起きています。

d OSの脆弱性などを利用して不正にシステムに侵入するのは、マルウェアに見られる攻撃手法です。標的型攻撃においてマルウェア感染の手口として使われることはありますが、標的型攻撃そのものではありません。

第40問 解説 チェーンメール 解答 a

メールを利用した迷惑な行為や悪質な行為として、迷惑メール、架空請求、フィッシング詐欺などがあります。本問のテーマであるチェーンメールは迷惑メールの一形態です。ただ単にメールを増殖させるだけの「愉快犯」の一種で、不必要に送信されるメールがネズミ算的に増えることにより、回線やサーバへの負担が高まり、インターネット全体の効率が低下します。

a **正解** チェーンメール対策として適切です。

b チェーンメールに限らず、迷惑メール、悪質なメールに対して返信してはいけません。

c、d チェーンメールがさらに増殖するだけで、何のメリットも発生しません。やってはいけない行為です。

第41問 解説 トロイの木馬 解答 b

マルウェアは、コンピュータ上のデータの破壊や改ざん、情報の漏えい、乗っ取りなど不正かつ有害な動作を目的として作られたプログラムです。マルウェアにはさまざまなタイプのものがあります。

a マルウェアのワームの説明です。

b **正解** マルウェアのトロイの木馬の説明です。トロイの木馬は、ギリシャ神話の1

つの説話で、木馬に兵が潜伏し、疑われることなくトロイという都市に侵入した後に、中から攻撃を仕掛けたという話に由来しています。

c マルウェアのボットの説明です。

d マルウェアのスパイウェアの説明です。

第42問 解説 認証 解答 d

認証とは、アクセスしているのが正当なユーザであるかどうかを確認することです。IDとパスワードの組み合わせなどで認証を行います。

a 1つのIDに対応するパスワードは、ときどき変更することで安全性が高まります。一度登録したパスワードを永続的に使用するということはありません。ワンタイムパスワードは、一度使用したら廃棄して、認証のたびに異なるパスワードを使用することで安全性を高める仕組みです。

b IDとパスワードの入力後に、スマートフォンのSMSなどに確認コードが送信され、確認コードを入力することで認証を完了する方法は、2段階認証と呼ばれる認証手段です。Googleアカウントへのログインを始め、広く使われています。

c 生体認証は、個人に特有な身体の一部を認証手段として利用する方法です。指紋、虹彩、静脈、声紋などを登録しておき、認証時に読み取ったものと登録したものが一致するかどうかを検証することにより認証します。

d **正解** USBキーは、パソコンの利用を物理的に制限するために利用されています。USBポートにUSBキーを接続することで認証し、USBキーを取り外すとパソコンがロックされ、他の人が使用できなくなります。

第43問 解説 無線LANのセキュリティ 解答 c

無線LANでは、電波が届く範囲であれば傍受が可能なので、通信内容が盗聴されないように暗号化通信を行うことが推奨されます。無線LANの暗号化方式には何種類かがあります。

a WEPは、無線LANの暗号化方式としてはもっとも古いものです。通信内容を解読されるリスクがWPAやWPA2に比べて高いので、現在は使用を推奨されていません。

b WPAは、WEPの欠点を補ったものですが、暗号化方式としては万全とはいえません。

c **正解** WPA2は、WPAよりもセキュリティを高めた暗号化方式で、盗聴対策としてWEP、WPAよりも効果的です。

d ステルス機能によってSSIDを隠匿すると、第三者がアクセスしにくくはなりますが、盗聴対策としては脆弱です。暗号化による対策が必要です。

第44問 解説 Wikipedia 解答 d

a Dropboxは、クラウドストレージサービスの1つです。メールアドレスがあればアカウントを登録することができ、登録後は無料で2GBまで利用することができます。

b LINEは、ユーザ同士で通話やメッセージ交換ができるサービスです。タイムラインに近況を知らせる機能もあり、広い意味でSNSの一種に分類されることがあります。

c Twitterは、1回で最大140文字（半角英数字では280文字）の文章が投稿できるミニブログです。Twitterも、広い意味でSNSの一種に分類されることがあります。

d **正解** Wikipedia（ウィキペディア）は、問題文にあるように「インターネット上の百科事典」としてよく知られているサービスです。一般的なことから専門的なことまで、多くの事柄についての意味や解説が書かれた記事を閲覧することができます。Wikipediaは、ユーザの参加により内容が作られる媒体で、Wikipediaに掲載されている記事は、すべて一般ユーザによって編集されています。なお、一般ユーザにその事柄に詳しい人が含まれることはありますが、記事の正当性が保証されているとはいえません。

第45問 解説 個人情報保護法 解答 c

個人情報保護法は、個人情報保護に関する基本法で、個人情報保護法制の基本理念や国・地方公共団体の責務などを規定するとともに、民間の個人情報取扱事業者が守るべき義務について規定しています。

a 個人情報保護法の個人情報は、生存する個人の情報とされており、亡くなった人は含まれません。

b 個人情報取扱事業者とは、顧客情報などのコンピュータ上のデータベースを保有する企業などのことです。以前、個人情報5,000件以下の事業者は個人情報保護法の適用外とされていましたが、2015年の改正により制限が撤廃され、件数にかかわりなく、個人情報保護法が適用されます。

c **正解** 個人情報の取り扱いに関して、個人情報保護委員会は、個人情報保護法に関する各種ガイドラインを公表しています。ガイドラインの中で、「しなければならない」「してはならない」と記述されている事項について、従わなかった場合は法令違反と判断される可能性があります。

d **c**は適当ですが、**a**、**b**が不適当です。

第46問 解説 写真の公開に関する権利侵害 解答 b

人物が写っている写真などをインターネット上に公開する場合、さまざまな権利に配慮しなければなりません。

a 肖像権とは、顔や姿を許可なく撮影されたり、公開されたりしない権利で、私人の人格権の一部として認められています。友人に無断で写真をSNSに投稿して公開すると、肖像権の侵害となる可能性があります。

b **正解** 撮影した写真の著作権は、撮影者、つまり「自分」に帰属します。問題文の行為は、著作権侵害とはなりません。

c スポーツ選手、芸能人などの著名人には顔や容姿にも経済的価値があるとして、これらを排他的に利用する・提供する権利であるパブリシティ権が認められています。友人が著名人の場合、問題文の行為はパブリシティ権の侵害となる可能性があります。

d 個人情報や人に知られたくない私生活情報をみだりに公開されないことを保障する権利が、プライバシー権です。写真に写っている様子が友人にとって「知られたくない私生活の情報」であればプライバシー権の侵害となる可能性があります。

第47問 解説 ソフトウェアの著作権 解答 b

ダウンロードの形で提供されるソフトウェアが増えています。これらのソフトウェアの著作権については、著作権者がどのような扱いを求めているかにより、いくつかに分類することができます。

a オープンソースソフトウェアは、ソースコードというソフトウェアの設計図のようなものが広く公開されているソフトウェアで、誰でもそのソースコードを修正・改良して使用・再配布できるソフトウェアです。

b **正解** 問題の記述はシェアウェアの特徴です。利用者にとっては、一定期間試用してから継続利用を決められるというメリットがあります。

c フリーウェアは、フリーソフトともいい、無料で利用できるソフトウェアです。

d マルウェアは、コンピュータに不正かつ有害な動作をもたらすプログラムのことです。

第48問 解説 電子消費者契約法 解答 b

電子消費者契約法は、オンラインショッピングの利用者を保護するために、民法の特例を定めた法律です。民法と電子消費者契約法は2017年に改正されましたが、改正前、民法では遠隔地間の契約において承諾の通知が発信されたときに契約が成立するとし（発信主義という）、通知が即座に相手に到達するオンラインショッピングでは電子消費者契約法により売買契約の成立時期を「注文に対する承諾の通知が消費者の受信メールサーバに到達した時点」（到達主義という）と定めていました。2017年改正後は、到達主義に一元化され、電子消費者契約法における該当項目は削除されました。

a 消費者の注文をオンラインショップが受信した時点では、まだ売買契約は成立していません。

b **正解** 承諾の通知メールが消費者の受信メールサーバに到着した時点で売買契約が成立します。

c 消費者が承諾の通知メールを開封したことや確認したことは、契約の成立には影響しません。

d 通常は売買契約が成立してから注文した商品が消費者の手元に到着します。

第49問 解説 不正アクセス禁止法 解答 c

不正アクセス禁止法は、コンピュータへの不正アクセスや不正利用を禁止するための法律です。

a 他人のIDやパスワードを利用権者本人以外の第三者に提供する行為は、不正アクセス行為を助長する行為であるとして不正アクセス禁止法に違反します。

b セキュリティホールの攻撃などによる不正アクセスは、不正アクセス禁止法により禁止されています。管理権限のないWebページの書き換えも同様です。

c **正解** サービス時間外のログインがサービス提供事業者の規定に違反していても、自分のIDとパスワードでログインをしているので、不正アクセス禁止法には違反しません。

d 他人のIDやパスワードを推測してログインする行為は、不正アクセス禁止法により禁止されています。

第50問 解説 公職選挙におけるインターネット利用 解答 c

選挙期間に候補者の情報を充実させ、有権者の政治参加を促進するために、インターネットを利用した選挙運動が解禁されています。

a 電子メールで投票を依頼することができるのは候補者や政党で、有権者はできません。

b 18歳未満は、選挙運動を行うことはできません。

c **正解** 候補者に限らず、誰でもWebサイトなど（ホームページ、ブログ、SNSなど）を利用して選挙運動を行うことができます。

d 選挙運動用に有料インターネット広告を利用することは禁じられています。なお、政党などが選挙運動期間中に、自政党の選挙運動用Webサイトに直接リンクするバナー広告を出すことは認められています。

第1問	a
第2問	c
第3問	b
第4問	d
第5問	b
第6問	b
第7問	d
第8問	b
第9問	b
第10問	a
第11問	a
第12問	b
第13問	d
第14問	a
第15問	b
第16問	c
第17問	c
第18問	c
第19問	d
第20問	c
第21問	b
第22問	c
第23問	b
第24問	a
第25問	a

第26問	d
第27問	c
第28問	b
第29問	b
第30問	d
第31問	c
第32問	d
第33問	c
第34問	c
第35問	c
第36問	d
第37問	c
第38問	b
第39問	c
第40問	a
第41問	b
第42問	d
第43問	c
第44問	d
第45問	c
第46問	b
第47問	b
第48問	b
第49問	c
第50問	c

索引

■あ行

■か行

■な行

■は行

監修
神奈川大学附属中・高等学校　副校長
小林 道夫

完全対策
NTT コミュニケーションズ　インターネット検定
.com Master BASIC 問題＋総まとめ（公式テキスト第４版対応）

2020年10月27日　初版第１刷発行
2023年 7 月21日　初版第２刷発行

発行者　東 明彦
発行所　NTT出版株式会社
〒108-0023　東京都港区芝浦3-4-1 グランパークタワー
[営業担当] TEL : 03-6809-4891　FAX : 03-6809-4101
[編集担当] TEL : 03-6809-3276　https://www.nttpub.co.jp

構成　有限会社ソレカラ社
本文デザイン・組版　フログラフ
装幀デザイン　土屋デザイン室
印刷／製本　株式会社光邦

ISBN978 - 4 -7571-0397-9 C0055

.com Master BASIC

模擬問題解答用紙

模擬実施日　　月　　日

解答に○を付けましょう。

問				
第1問	a	b	c	d
第2問	a	b	c	d
第3問	a	b	c	d
第4問	a	b	c	d
第5問	a	b	c	d
第6問	a	b	c	d
第7問	a	b	c	d
第8問	a	b	c	d
第9問	a	b	c	d
第10問	a	b	c	d
第11問	a	b	c	d
第12問	a	b	c	d
第13問	a	b	c	d
第14問	a	b	c	d
第15問	a	b	c	d
第16問	a	b	c	d
第17問	a	b	c	d
第18問	a	b	c	d
第19問	a	b	c	d
第20問	a	b	c	d
第21問	a	b	c	d
第22問	a	b	c	d
第23問	a	b	c	d
第24問	a	b	c	d
第25問	a	b	c	d

問				
第26問	a	b	c	d
第27問	a	b	c	d
第28問	a	b	c	d
第29問	a	b	c	d
第30問	a	b	c	d
第31問	a	b	c	d
第32問	a	b	c	d
第33問	a	b	c	d
第34問	a	b	c	d
第35問	a	b	c	d
第36問	a	b	c	d
第37問	a	b	c	d
第38問	a	b	c	d
第39問	a	b	c	d
第40問	a	b	c	d
第41問	a	b	c	d
第42問	a	b	c	d
第43問	a	b	c	d
第44問	a	b	c	d
第45問	a	b	c	d
第46問	a	b	c	d
第47問	a	b	c	d
第48問	a	b	c	d
第49問	a	b	c	d
第50問	a	b	c	d

（切り取り線）

模擬問題解答用紙

模擬実施日　　月　　日

解答に○を付けましょう。

問題	解答
第1問	a　b　c　d
第2問	a　b　c　d
第3問	a　b　c　d
第4問	a　b　c　d
第5問	a　b　c　d
第6問	a　b　c　d
第7問	a　b　c　d
第8問	a　b　c　d
第9問	a　b　c　d
第10問	a　b　c　d
第11問	a　b　c　d
第12問	a　b　c　d
第13問	a　b　c　d
第14問	a　b　c　d
第15問	a　b　c　d
第16問	a　b　c　d
第17問	a　b　c　d
第18問	a　b　c　d
第19問	a　b　c　d
第20問	a　b　c　d
第21問	a　b　c　d
第22問	a　b　c　d
第23問	a　b　c　d
第24問	a　b　c　d
第25問	a　b　c　d

問題	解答
第26問	a　b　c　d
第27問	a　b　c　d
第28問	a　b　c　d
第29問	a　b　c　d
第30問	a　b　c　d
第31問	a　b　c　d
第32問	a　b　c　d
第33問	a　b　c　d
第34問	a　b　c　d
第35問	a　b　c　d
第36問	a　b　c　d
第37問	a　b　c　d
第38問	a　b　c　d
第39問	a　b　c　d
第40問	a　b　c　d
第41問	a　b　c　d
第42問	a　b　c　d
第43問	a　b　c　d
第44問	a　b　c　d
第45問	a　b　c　d
第46問	a　b　c　d
第47問	a　b　c　d
第48問	a　b　c　d
第49問	a　b　c　d
第50問	a　b　c　d

（切り取り線）